喬吉拉德說他不喜歡我...........
他說：因為I LOVE YOU
因為我將他的書籍與臺灣最有影響力的財經雜誌
今周刊合作行銷，店面銷售一日3000冊，破20年
來單日銷售紀錄！

喬吉拉德說他不喜歡我...........
他說:因為I LOVE YOU
他指著我胸前的十字架項鍊說：
因為耶穌是我朋友，所以我們是一家人，你可以
當我孫子了！

力克.胡哲：

路守治，
他是我目前來到台灣認識的最勇敢的一個人。
他想讓台灣變得更好
他想讓台灣的下一個世代有更大的夢想
能夠愛自己、能夠找到使命、而且不放棄
我在全球超過57個國家的經驗
很難得會遇到像LUKE這樣的人
他真的很想帶來改變
他啟發很多人
LUKE，謝謝你

經歷

出生於單親清寒家庭、順應環境下就讀軍校，十年軍旅培養要做就做第一名

* 連續五年基測滿百獲頒全國模範連隊殊榮
* 累計演講超過2000場，培訓時數超過4000小時，單場人最高突破10000人
* 銷售演講單場最高成交率96%
* 2009年媚登峰集團年度激勵大會講師
* 2010年東森購物台電話行銷團隊激勵訓練師
* 2011年已達成101場公益演講
* 2012年銷售演講締造一億新台幣業績
* 2013年已協助200位學員成為包租公(婆)
* 2014年出版「不用再為錢工作」首刷6000本
* 2015年舉辦方克·胡哲萬人演講大會
* 2016年主辦業務之神喬.吉拉德封麥演講會-6000人
* 2017年獲頒華人十大教導型企業家榮譽
* 2018年卓越學院聯合創辦人

現任 世界大師商學院、立川集團、幸福久久窩 教育
曾任財團法人理周教育基金會 教育長、富裕自由國際顧問
份有限公司、超越極限、成資集團、巔峰潛能有限公司首
訓練師，以及苳業國際教育團隊的銷售講師。他用他向世
大師所學，實務運用在工作上，打破了多項國內教育訓練
的記錄。他的教學風格，具有高度的感染力及啟發性，每
的演講都有驚人的結果!

他的口頭禪:「簡單才會做!」

世界大師企管顧問有限公司 **教育長**
World Masters Business Consultant Co., Ltd.

T.Luke 路守治 老師

他是充滿熱情的教育家
相信教育可以改變一個人的思考模式
讓人們樂觀積極的追逐夢想!!
他曾是服役十年的士官長
從軍旅生涯中體會
有系統的訓練可以改變一個人的行為模式!!
他是虔誠的基督徒
時常聚合眾人的力量辦公益慈善講座
募款幫助需要幫助的人!!
他不只是一位好老師&好教練
更時常帶團出國向世界大師學習
也讓他成為學員心目中的『學習指南』

歡迎邀約企業演講
服務專線：08000-88311
服務時間：周一至周五 上午9:30-下午18:00

專長

銷售：業務銷售 / 台上銷售 / 業務團隊領導
演說：活動主持 / 團隊激勵
專業培訓：金錢心理學 / 金錢行為學 / 企業內訓
核心課程：銷售陸戰隊 / 公眾演說 / 財富戰士
著作：《不用再為錢工作》《贏向商用4.0》《堅持的信念》
《翻轉業務力》《勇於超越的聲音》《翻轉業務力2》

NO.1大師認證

世界第一暢銷書作者『馬克·韓森』授證
世界第一商業教練權威『布萊爾·辛格』授證
有錢人想的和你不一樣『哈福 艾克』訓練師授證
『藍海戰略』企業教練授證
世界第一演說家 吉姆卡斯卡 授證
華爾街之狼本尊 喬登·貝爾福 授證
富爸爸集團首席顧問 賽仕博創辦人 布萊爾·辛格
『有錢人想的和你不一樣』作者 哈福 艾克
世界第一暢銷書作者 馬克韓森
潛能激發大師密集課程 安東尼羅賓
談判大師 羅傑道森
潛意識大師 馬修史維
等47位不同世界第一領域大師學習

銷售 陸戰隊 *Salesperson*

你可能從來沒有想過
你可以成為**超級業務員**

三天密集訓練，你將得到......

- ☑ 增加十倍以上的收入
- ☑ 成交身價比你高的大客戶
- ☑ 絕對成交的23個經典流程
- ☑ 十大必殺成交話術
- ☑ 讓顧客所有的NO都變YES
- ☑ 找出自己的銷售天賦
- ☑ 讓顧客為你瘋狂轉介紹
- ☑ 打造破紀錄的團隊

- ☑ 發掘自己的銷售天賦及潛在客戶
- ☑ 在每一次議價中，都得到雙贏的結果
- ☑ 建立一套讓客戶瘋狂為你轉介紹的系統
- ☑ 擁有百折不撓的企圖心
- ☑ 業務員月入百萬的行動計畫
- ☑ 金錢的能量法則
- ☑ 任何時間、任何地點，
  銷售特定產品給任何人的能力

> 然而在講座中，你會發現你早就在從事銷售的工作
> 講座結束後，你的腦中會出現許多新奇的想法、策略和熱情
> 你會迫不及待的回去，將這些方法運用在自己的事業及生活中

課程結果讓你【任何時間‧任何地點‧銷售任何產品給任何人】

世界大師商學院　　**facebook** 世界大師商學院 🔍

▲ 經濟日報整版面專訪

▲ 訪談節目【台灣藏寶圖】專輯採訪

▲ 登上理財周刊封面
　受理財周刊發行人洪寶山先生
　邀特聘財團法人理周教育基金會教育長

▲ 理財周刊特別專訪

▲ 訪談節目【改變的起點】專輯採訪

▲ 榮獲第十三屆中國金牌培訓師前百強

▲ 2017年獲頒中國十大教導型企業家

▲ 由T.Luke 路守治老師創辦的
　世界大師企管顧問有限公司
　榮獲 台灣創業家大獎

▲ 中國十大教導型企業家
　受邀 聯合國中小企業協進會至美國
　與美國前總統小布希(George W. Bush) 合影

▲ 中國十大教導型企業家
　受邀 聯合國中小企業協進會至中國
　與德國前總理沃爾夫(Christian Wulff) 合影

▲ 向世界第一演說家進修研習
　與吉姆卡斯卡特 (Jim Cathcart) 合影

▲ 獲吉姆卡斯卡特 (Jim Cathcart) 邀請
　受聘中國演說家協會 大中國區創始理事

Peter 吳佰鴻 老師

台灣經歷

- 華人賽事聯盟／諾浩文創科技　董事長
- 艾美普訓練／名校教育　共同創辦人
- Stratford University IMBA
- 中華兩岸創業發展協進會　創會長
- 臺北市企管顧問職業工會　創會長

大陸經歷

- 中國我是好講師大賽　最佳演繹講師
- 中國金牌培訓師暨十大教導型企業家
- 海峽兩岸青年創新創業導師
- 中國職業網路主播培訓認證講師
- 中國企業首選培訓師

著作

- 2010 年《夢想行者：活得精彩的人生閱歷》
- 2014 年《帶著競爭力出關：讓老闆替你按讚》
- 2015 年《立即上手的教導力：頂尖顧問親授的成功法則》
- 2015 年《富裕人生從管理開始：創造價值的 30 招必勝技能》
- 2016 年《贏向商用 4.0：超譯孫子兵法的新實戰力》
- 2016 年《堅持的信念：扶輪好講師的生命智言輯》
- 2017 年《勇於超越的聲音：扶輪好講師的生命智言輯》
- 2018 年《築夢進行曲》
- 2019 年《翻轉業務力 2：讓我們擁有「有錢業務」的思維》

聯絡方式

- Facebook 粉絲專頁
  吳佰鴻老師
- YouTube 頻道
  吳佰鴻 - 華人好講師
- 優酷 YOUKU 視頻
  吳佰鴻 - 華人好講師
- IG
  peterwu168
- Weibo 微博
  吳佰鴻 PeterWu

翻轉業務力 2

讓我們擁有「有錢業務」的思維

路守治 ___ 總 教 練
吳佰鴻 ___ 指導教練

一起來翻轉職場競爭力

今周刊　行銷部副總經理　陳智煜

越是不景氣的環境，業務力對一家公司的重要性越是顯著；好的業務力不僅能讓企業業績逆勢提升，更能讓自己變得不可或缺，薪水獎金三級跳；你還在探索與瞎忙嗎？快透過路克老師親授的精彩業務心法，翻轉你的職場競爭力吧！

學員的具體經驗，
帶來邁向成功的金鑰

中視業務行銷部　專案中心副理　鄭椀玲

暢談業務力的書籍琳瑯滿目，如何找到一本能真正帶領你走向銷售大師的成功之路？藉由路克老師的業務菁英學員，不藏私分享自身成功的祕訣及心法，看他們如何透過業務力，翻轉他們的生命，每一位學員的經驗，都是幫助你邁向成功的金鑰！

打通業務任督二脈的技巧，
就在本書之中

四座廣播金鐘獎　名主持人　**安達**

　　業務力，是時代的力量，這項頂尖的技巧可以從路克老師以及他的門徒身上挖掘，貫通您對業務功夫的任督二脈，闖盪江湖！

銷售力，就是你的超能力！

資深出版人、暢銷作家　**貓眼娜娜**

　　過去我們會對「業務」與「銷售」難免抱持比較刻板的印象，但是，在這個瞬息萬變的自媒體時代，如何善於溝通、掌握表現自己的機會，時時刻刻注重個人品牌經營，正是「業務力」的具體展現。因此，千萬不要認為只有從事某些職業工作的人才需要這本書，其實只要你人生有渴望追求的目標，你都必須「成功銷售自己」！非常高興看到路守治老師提出了這個重要卻常常被人忽略的觀點，相信在路老師的諄諄教誨之下，所有讀者都能習得這一項「超能力」，好好翻轉人生的挫折與瓶頸！

你也可以翻轉人生，
邁向美好未來

華人賽事聯盟　主席　吳佰鴻

　　記得小學時，我為了想多賺零用錢，在台北建成圓環找到了漫畫書的批發商。每個禮拜日，我都特別搭公車去「批發漫畫」。

　　在漫畫上市前一天將書帶到學校，我批發的成本價是六折，用九折的價錢把漫畫書賣給同學。因為同學可以提早拿到書（有優越感），價錢也便宜，我就這樣慢慢累積了很多「忠實客戶」。

　　透過賣漫畫書賺到了很多零用錢，這也是我人生第一次的業務工作。出社會之後，我有做過保險工作、直銷工作、賣過兒童美語教材、手機門號等通訊器材，每次的成績都很不錯。我發現，如果有銷售能力，比單純打工，出賣勞力，來的更有效率，收入也更多！

從事業務工作，到底難不難呢？

　　我理解到第一個重點是：要先喜歡與人接觸。這樣可以迅速拉近跟客戶之間的距離，找到彼此的共通點，有共同的話題，銷售已經成功一大半。

　　而且不要忘記「銷售自己」，什麼叫推銷自己呢？就是讓顧客認同你。顧客喜歡你，自然會對你想要說明的物件會比較有耐心聽。當然銷售過程也要有很好的服務，售後服務不錯，也幫客戶解決了需求問題，自然而然就會形成客戶願意幫你轉介紹。

收入高的業務人員會非常勤奮，樂於傾聽，喜歡去解決客戶的問題。收入差的業務剛好相反，每天只有抱怨，逃避問題，也不願意擬定每天做事的計畫，當然最後成果是不一樣的。

要如何翻轉你的生活呢？如果你是一個工作一成不變，朝九晚五的上班族，你可以嘗試走出你原來制式的人生，開始所謂的業務工作，不管何種類型都可以，在網路上賣東西？當然也是可以的。

你是不是常常會推薦好吃的牛肉麵店給你的朋友呢？你是否看完復仇者聯盟電影，覺得太精采了，一定要在 IG 或臉書上分享？

其實你已經有很好的業務特質了，接下來如何把這些特質運用在你的工作當中，去創造你人生另外一個高峰。

如果你已經從事業務工作，當然需要打造自己的品牌。如何介紹客戶喜歡的產品？如何讓客戶願意幫你分享？這都是做業務工作需要努力的方向。

本書提到了非常多的觀念，值得廣大讀者好好研讀。

書中多數人都是業務小白，他們剛開始並沒有很好的業務技巧，對業務工作也沒有太多經驗，但是透過學習，他們掌握強化個人優秀的特質，願意一再嘗試，努力堅持，加上我們總教練——路守治老師的提點，確實所有人都大有進步，有更好的收入，在人生路上也越來越順利。

有機會能夠參與這本書的編寫，我感到非常榮幸。希望所有還沒有踏入業務界的朋友們，能夠以書中與我們分享個人經驗的他們為榜樣。讀完本書的同時，請捫心自問思考一下，換作是你，可以如何邁出你業務工作的第一步？

希望各位繼續加油，祝福每一位讀者都能翻轉人生，邁向更美好的未來。

序　章

獻給有志追求
成功人生的你

序章

翻轉業務力，
讓你的成功永遠不可取代

世界大師商學院　創辦人　**路守治**

親愛的朋友，你從事業務工作嗎？如果是的話，你是個業務高手嗎？

或者你的工作職銜不是業務，但你必須時時面對種種的人際關係，透過銷售「自己」，來提升自己的好評度、信任度，進而帶給自己更高的收入報酬？

如同大部分人都已經知道的，人人都是自己人生發展路上的業務，可是什麼是「翻轉業務力」呢？翻轉，是指業績翻轉好幾倍嗎？那當然每個業務都渴望得到這樣的翻轉業務力。但，這裡所指的翻轉，其實是翻轉你自己，每翻轉一次就讓自己變得更強大，唯有自己強大，才能帶來翻倍的業績。

業務在企業裡扮演什麼角色？

讓我們先從另一個角度來看「業務」吧！

當我們銷售一個商品時，行銷學大師會告訴我們，試著從客戶的角度來看事情，就能夠更容易找出正確的銷售方法。那麼，做為一個業務，我們的客戶是誰呢？是廣大的消費者，但，除了消費者

外，還有另一個重要客戶，那就是我們的雇主，也就是企業界。讓我們用企業界的角度來看業務吧！

平心而論，對大部分的企業來說，業務員就是「產品解說員」，他們培訓員工，讓他們可以更嫻熟、更流利地講解公司的產品，最終目的就是要透過他們把公司產品賣出去，如此，就能帶來公司盈利。對企業來說，業務員的存在，就是為了要讓自家的產品銷售到買主手中，換得白花花的鈔票。以經營角度來考量，業務就是公司能夠提高營業額的資源，也是營運必須付出的成本。

如何讓企業營業額提高以及成本降低呢？這就是企業的考量。各家的作法不同，少數企業會透過有制度的內部培訓來培育人才，但多數情況，企業寧願採取自然淘汰制，讓有貢獻的業務留下來，業績不彰的淘汰，如此，就能達到讓企業營業額提升，同時成本也降低的效果。

從企業的角度回到業務自身，所以：**如果你是某家企業的業務，你會是那個從淘汰戰中存活下來的高手嗎？**

這就是業務的問題所在，我們要設法讓客戶買單，還要讓企業願意將我們視為高戰力的資源。

假定一家企業，擁有成千上萬個業務，好比說保險產業。既然大家都是同一個企業，賣得是同樣的產品，那麼你和他和她和上萬個同仁賣得都是一樣的內容。**那為何客戶要跟你買？**

結論很明顯，重點已經不是在產品了，而是在你「這個人」。

為何跟你買，你有什麼獨特的地方嗎？

你的同仁甲介紹這個產品非常好用，你的同仁乙也說這產品非常耐用，那你除了重複他們說過的話之外，你還有什麼要說的嗎？

有的，你可以跟客戶說，我的服務包你滿意。

你可以解決顧客的問題嗎？

產品大同小異。

業務卻可以各顯神通。

顧客們都在問的兩個問題：「我為何跟你買？」以及「我為何現在買？」

當他們關注的焦點已經不是產品本身好不好的時候，那每個業務出場帶給對方的「感覺」就很重要。

低階的業務，一出現就給對方一種感覺，「你是來賺我荷包裡的錢」，不論你說得再天花亂墜，目的就是要賣我東西。那種擺明來「吃我」的感覺，讓許多人一聽到業務就心生反感。

但高階的業務卻不一樣，他們甚至可以做到，讓顧客反過來拜託業務把東西賣給他。為什麼？重點不在產品多棒，而在於你可以「解決我的問題」。

各位朋友，你們抓到重點了嗎？

產品只是媒介，每個顧客買東西的目的，都是要解決生活中的某項問題或需求。

低階業務員，根本無法找到顧客需求，只是不斷地想銷售。

中階業務員比較容易「找到」顧客需求，因此可以獲得存活。

高階業務員則是「創造」顧客需求，他們創造的是卓越的績效。

我們看許多收入很高的業務員，他們不一定是很會說話的人，但一定是很會「做人」的人。他們抓到業務的核心訣竅，就是成功的「銷售自己」。

成功的業務做到了這樣的境界，讓顧客一看到他，就認為他是「對的人」。首先他們喜歡你，因為喜歡你，所以願意聽你說，願意聽你說，就更加信任你，最終，就會做下購買的決定，把訂單委

託給你。

所謂銷售就是交換，是一種信心的傳遞、能量的轉移。

我把我對產品的信心轉給你；我把好的感覺傳給你。

那真的是種感覺，絕非照本宣科般念著公司產品手冊裡的教戰守則，也不是每天看到不同客人，重複那一套腳本。而是業務人員發自內心傳遞出的一種信念，一種溫度。

「我真的覺得這商品很好，所以我希望你也能擁有。」

「我對這個商品充滿熱情，信心滿滿，我的能量你感受到了嗎？」

就好像我們去聽演唱會，明明可以在自家播放的音樂，可以隨時上網 DownLoad 聽到的歌曲，何必花大錢去演唱會現場聽呢？重點就是要那個「感覺」。

業務員的能量，決定他的銷售力。

顧客不在意購買的當下，顧客在意的是銷售的過程。

你的能量能夠帶給銷售過程高度興奮的溫度嗎？你能夠讓客戶打心底認同嗎？

如果可以，那你就會是個成功的業務。

翻轉業務力，讓自己變得不可或缺

所以我們為何需要「翻轉業務力」呢？

因為要翻轉你的思維，並且這樣的翻轉，不是一次兩次就好，一個好的業務員，終身都在提升自己，都在翻轉自己，每次翻轉，就讓自己到達更高的境界。

我覺得今天因為大環境的競爭，許多企業對業務員栽培的方式都錯了。甚至可以說他們不是在栽培業務員，而是用物競天擇的觀

念，「此刻」誰可以帶給公司營業業績，誰就是公司認可的業務員，沒有貢獻的，就早點捲鋪蓋走人吧！

其實，業務員是需要栽培的。依照全世界的業務市場經驗法則，一個業務工作者，至少要服務超過三年半，經過夠多的磨練了，才夠格說自己是業務。

但就算這樣的業務，也只是「產業內的業務」，還不算全能的業務。我們的教育制度，其實學校裡並沒有教我們怎麼銷售，學校傳授的只是行銷學。

行銷和業務有何不同呢？

行銷是透過各種方式，讓顧客掏出錢來付給企業。銷售則是一對一，讓顧客買單。

行銷和業務，哪個重要？當然都重要。試想，今天公司砸大錢做行銷了，成功打造一款商品的知名度，消費者甚至主動會想購買。但接下來呢？還是要一對一見面啊！如果「行銷」把一個顧客吸引來了，但在一對一的「業務」階段，還是可能把生意搞砸。或者，顧客來了，但他有許多的業務對象選擇，最終他買單的對象是誰呢？關鍵還是在懂「業務力」的人。

平心而論，若產品很好，根本就不需要業務。

會需要業務，就是具備有一定的困難度，這才是業務存在的價值。

好比說，iPhone 手機全球有那麼多粉絲，每次新機種推出，許多人漏夜排隊要買手機。這時候，有沒有業務，重要嗎？只要有個銷售窗口就好了吧！

任何人，甚至一個小學生都可以成功賣出 iPhone，假定一支手機成本價一萬元，市價三萬元，那這個小學生不需要業務力，只要 Po 網，標價兩萬元，就可以賣出。

這不是業務力。

真正業務力是企業的產品不好賣的時候，有你就能賣。你是企業不可或缺的人才嗎？不是每個業務都是不可或缺的，只有做到翻轉業務力的人，他們總是追求成長，總是讓自己的腦袋跟得上時代，所以他們總是不可或缺。

頂 尖 業 務 務 必 做 到 的 八 件 事

從事業務工作多年，上過許多世界頂尖銷售大師的課，本身也透過培訓帶給上千人獲得業績成長。我可以歸結，成功的業務有八件必要做到的事。

以我的觀察經驗，如果一個業務可以把這八件事「確實」做到，就會成為公司業績第一，如果在這八件事中，將其中任一件事做到「極致」，那就可能造就產業界的第一。

這八件業務人必須知道的事為：

第一：時間管理跟目標設立。

第二：找到及開發 3A 級客戶。

第三：擁有專業知識，包含兩大類：1.對公司產品的知識；
　　　　2.對人的知識（包括了解人性，了解人際關係溝通等等。

第四：異議問題處理能力。也就是當碰到拒絕時，懂得把劣勢
　　　　變優勢的能力

第五：結束銷售的技巧。這點也必須說明，許多人不怕拜訪陌
　　　　生客戶，本身也有一定的產品解說力。但就是不懂如何
　　　　締結訂單。如果每次見面都是束聊西聊談好幾個小時，

最終仍不好意思跟客戶談錢的事，那談再多也不會完成交易。

第六：售後服務。據研究顯示，百分之九十的業務員沒有建立轉介紹系統。他們總是忙著服務忙著開發，卻忽略服務舊有客戶的重要性。他們不知道如果服務好客戶，甚至可以省掉七倍以上人力物力開發成本。本書也會有專章分享轉介紹的概念。

第七：理財的觀念。如果把第一到第六個步驟，當成一個標準的業務循環，不斷持續就能帶來業績。那麼許多人的失敗，不是在於不會做業務，而是在於不懂理財。我常說，路上常看到西裝筆挺的乞丐，他們看似賺很多錢，但卻也常常缺錢。不懂理財，成功就難以企及。

第八：情緒調整。看似心理學術語，但卻也是翻轉業務力的決勝關鍵。可以說：**一個人情緒調整的速度，就是你成功速度。**如同銷售大師說過的：「成功就是達成目標，其他都是這句話的註解」。

　　一個人情緒高，做事效率就高，執行力也就高。如果三天兩頭就被情緒打敗，今天心情不好，明天也處在低潮，甚至被客戶說聲拒絕就垂頭喪氣。這樣的情緒調整力，不但難以讓一個人成為業務，就算在職涯的其他職位，也不能勝任。

　　親愛的朋友，還有許多翻轉業務力重要的觀念，都可以在這本書裡，找到可以幫助你的答案。

　　以某個角度來說，我不只是業務培訓講師，也是業務銷售人。那麼，我的「產品」效果如何呢？上過我課程的學員就是見證。這

些學員上課後的表現，正代表著他們上課獲致的心得，以及如何將所學具體落實。就算是我「老王賣瓜，自賣自誇」吧！有自信的業務本當如此。

　　就讓這些菁英學員，和各位親愛的朋友分享，他們是如何透過翻轉業務力，改變他們生命的。

　　期許我們共同學習，共同成長。

引　言

翻轉業務力，
用有錢業務的腦袋做思考

本書總教練　路守治

　　如同人們所知道的，有錢人總能過著更高品質的生活，有錢人可以真正讓夢想成真理。但有錢人之所以成為有錢人，特別是那些白手起家原本掌握資源較少，最終卻能夠創造財富的人，很重要的原因，就是他們願意用「有錢人的腦袋」來思考事情。

　　也如同眾所周知，以同樣年齡同樣資質的人，站在同一個時間點起跑，往往是從事業務工作者，能夠最快累積到他們人生的第一桶金，所以也往往是業務工作者，才能夠擺脫平凡人生，朝有錢人的境界邁進。

　　雖然行行出狀元，每個人都可以透過不同方式為社會做貢獻，但純粹以打造致富人生來說，的確業務工作者，機會較大。這也是我多年來從事教育培訓，將主力工作之一，放在業務力培訓的主要關鍵。

　　然而，就算是業務工作者，也不一定就是財富創建者。我們可以放眼身邊周遭，從事業務工作者不知凡幾，許多人也是過著和上班族差不多水平的生活，收入時高時低；很多人把業務工作做得很辛苦，卻不一定能達到有錢人的境界。所以，即便從事業務工作，有助於快速致富，但基本上，業務工作者，還須讓自己擁有有錢人

的腦袋，才能讓自己變成「有錢業務」。

12 大有錢業務思維心法

在本系列書第一冊，我們是以「15 大業務心法」為主題，邀請了 15 位不同產業的朋友，以自身經驗談論他們的業務經。本書，則是這系列書的第二冊，這回我們設定的主題正是「有錢業務想得和你不一樣之 12 大心法」，強調的主題，是兩種對比的思維，亦即所謂「有錢業務」和「貧窮業務」的不同思維。

這 12 大心法，列之如下：

業務心法 1
有錢業務將產品銷售給任何人
貧窮業務不會開發陌生市場

業務心法 2
有錢業務能在瞬間與顧客建立親和共識
貧窮業務無法在短時間得到顧客信任

業務心法 3
有錢業務能發現顧客的需求
貧窮業務總是無法找到顧客的需求

業務心法 4
有錢業務勇於面對比自己身價高的人
貧窮業務不知如何面對比自己身價高的人

業務心法 12
業務就是一種銷售，人人都要銷售，
這是人生的一種基本認知

同樣地，針對每個心法，我們邀請不同產業的朋友，請他們聊聊他們的故事。結合這 12 個心法，另外還加上一條「任何人都可以扮演業務的角色」，這回總共有 12 位學員，一起來分享他們的故事。

當然，也許讀者會好奇，為何這 12 位朋友，都不是社會知名人士？

這裡必須做個說明，這系列書出版的初衷。

我的教育培訓事業建立，緣自於我想要對社會有所貢獻的熱忱，而我的培訓教育基礎，包含許多世界頂尖的名師，其中一位老師，也是人們耳熟能詳的勵志導師，名叫馬克‧韓森，相信大部分人都曾讀過他的「心靈雞湯」系列。讀者們也都會發現，馬克‧韓森導師所推出一系列的書，從來都不是他自我理論撰述，相反地，導師所採取的方法，是讓他的學員們以故事分享的方式，希望讓讀者讀起來更親近。基本上，導師透過演講去各地分享訊息，而在每回的演講後，總有學員因為受到感動，而將他們的故事透過 e-mail 或者部落格留言，傳達給導師，內容包括在未遇到導師前他們的生活模式與遇到的困境，以及受到導師啟發後，他們的人生有怎樣的改變等等。在取得這些學員的同意後，馬克‧韓森導師把學員的故事結集成書，就是「心靈雞湯」系列的內容主力。

同樣地，在台灣，我投入教育培訓事業至今已經超過 13 年，我很高興透過我的專業分享，讓很多來自不同產業的學員們，因為上課而啟迪了他們的觀念。當然，這些學員，不一定是傳統定義的成功人士，也就是他們不一定是創業有成的大老闆或已經富裕自由

的社會菁英，這些學員有的還在創業打拼階段，許多也尚未獲致財富自由，甚至有的學員本身的身分還是學生。但這些都不妨礙他們可以成為本書的作者群，因為我們並不是要出版「成功人士傳記」，而是要透過學員們的心路歷程分享，讓讀者了解到他們習得的業務經，以及這些業務心法如何改變他們的職涯。

要「翻轉」才能得到躍升

如同本書的書名大標題——翻轉業務力，強調的正是「翻轉」兩個字。

提起「翻轉」，很巧的，正當本書編輯的階段，正好是 2018 台灣的九合一選舉。這裡我們不談政治，但我們要談的是選舉期間，經常出現的一個字眼——正是「翻轉」。以這回的選舉來看，如同媒體斗大的標題所說，許多的縣市被「翻轉」了。

但為何被「翻轉」呢？以選舉的角度來看，就是「換人做做看」，但若以業務的角度呢？身為業務工作者，又何嘗不是常常面臨「翻轉」的局面？

當某個客戶，長期和 A 廠商購買產品，但經由你的專業服務，後來該客戶轉而向你採購產品，那麼，這不正就是你已經「翻轉」了 A 廠商的採購習慣嗎？

反過來說，如果你將產品銷售給某客戶，但某客戶下回要買產品時，卻不再繼續跟你下單，那就換成你被「翻轉」了。

簡單說，一個成功的業務，也就是一個有錢業務，他們往往就是「翻轉」最多別人的訂單變成自己訂單的人。他們為何可以翻轉他人？而那個被翻轉的業務，又是做錯了甚麼事呢？這中間，自然就有著給我們業務朋友深度的警惕。

想想，身為業務的你，是不是當客戶買完東西，你就以為達成

任務了，從此不再對這客戶付出心力？然後隨著你忘記這客戶，那客戶會更快忘記你，最終的結果，就是被「翻轉」，也就是一個失敗的業務會被「換掉」的意思。

如何讓自己不要被客戶「換掉」呢？反省一下自己，是否做好了售後服務？

好比說，1 年有 12 個月，每個月都有節日，那你是否記得，在重要的節日，送小禮物給客戶？或者不送禮沒關係，也許太耗成本，但是否至少傳個感恩問候訊息？

說起感恩，其實每一次的感恩，都是和老客戶互動締結新商機的絕佳機會，不僅僅是節日可以互動，也不僅僅是當客戶生日時，要主動聯絡表達祝福，其實還有一些重要的日子可以聯絡，例如，許多人都忘了「成交日」可以是重要的互動日，例如賣車子的業務朋友，可以記錄一下某某客戶的「交車日」，做房仲的朋友，可以記錄一下某某客戶的新屋「簽約日」或「入厝日」，當這一天來臨，好比說打電話或傳訊息給老客戶：

「感恩有您，親愛的朋友，今天是個重要的日子，記得嗎？去年此時，您買到了人生第一間屬於自己的房子，我也很榮幸曾參與這樣的盛事，今天正好是滿周年的日子，祝福你的事業蓬勃，人生更加充滿朝氣。」

想想，當客戶收到這樣的訊息，是不是內心會感到溫暖？也許他們本來早已忘記你了，但透過這封簡訊，他們又想起你了，然後如果剛好有朋友正在找房子，他們也會主動把你推薦給他們，因為你是如此的溫暖，售後服務如此溫馨，不是嗎？

很多人忽略了售後服務的重要，以為既然成交了一個客戶，那這客戶就「屬於我」了，甚至質疑為何要花時間去做不一定有報酬的售後服務？其實，業務高手們都知道，一個可以把業績做大的人，其客戶有很大的比例，是來自於老客戶的重複消費，以及老客戶的

轉介紹。一個不懂售後服務的人，就等同於自我放棄這塊最大比例的業績。無怪乎，最終面臨「被換掉」的命運。

所以，本系列書系的主題，一直是「翻轉業務力」，因為，唯有不斷「翻轉」，把原本屬於別人的市場，納入自己的服務範疇，這樣才能晉升成為「有錢業務」。

頂尖業務務必須做到的八件事

「業務」是人人都必須學習的社會生存 know-how，正因為，每個人在社會上打拼，所要做得最重要的一件事，正是「銷售自己」。

畢竟，這世界上，銷售同類產品的競爭者眾，有那麼多人在賣車子，那麼多人在仲介房屋，那麼多人在銷售保險，那到底，為何客戶要跟你買呢？所謂業務，就是要做到，讓客戶不是因為產品而買，他們是因為「你」而買。

每個人都要銷售自己，創造自己的附加價值。以出版本書的幾位學員為例，他們在分享他們自身故事的同時，也正讓自己可以與其他同行做出區隔，試想，當一般的業務，拿出來的是自己的名片，但如果你可以拿出的是「一本書」，那對客戶來說，絕對會印象深刻的，不是嗎？

在本系列第一冊，我曾介紹過身為頂尖業務人必須知道的八件事，這八件事太重要了，在此，我也再次列出來：

第一　時間管理跟目標設立

第二　找到及開發 3A 級客戶

第三　擁有專業知識

包含兩大類：1. 對公司產品的知識。2. 對人的知識（包括了解人性，了解人際關係溝通等等）

第四　異議問題處理能力

也就是當碰到拒絕時，懂得把劣勢變優勢的能力

第五　結束銷售的技巧

這點也必須說明，許多人不怕拜訪陌生客戶，本身也有一定的產品解說力。但就是不懂如何締結訂單。如果每次見面都是東聊西聊談好幾個小時，最終仍不好意思跟客戶談錢的事，那談再多也不會完成交易。

第六　售後服務

據研究顯示，**90%** 的業務員沒有建立轉介紹系統。他們總是忙著服務、忙著開發，卻忽略服務舊有客戶的重要性。他們不知道如果服務好客戶，甚至可以省掉 7 倍以上人力物力開發成本。本書也會有專章分享轉介紹的概念。

第七　理財的觀念

如果把第一到第六個步驟，當成一個標準的業務循環，不斷持續就能帶來業績。那麼許多人的失敗，不是在於不會做業務，而是在於不懂理財。我常說，路上常看到西裝筆挺的乞丐，他們看似賺很多錢，但卻也常常缺錢。不懂理財，成功就難以企及。

第八　情緒調整

看似心理學術語，但卻也是翻轉業務力的決勝關鍵。可以說：**「一個人情緒調整的速度，就是你成功的速度。」**
如同銷售大師說過的：「成功就是達成目標，其他都是這句話的註解」。

一個人情緒高昂，做事效率就高，執行力也就高。如果三天兩頭就被情緒打敗，今天心情不好，明天也處在低潮，甚至被客戶說聲拒絕就垂頭喪氣。這樣的情緒調整力，不但難以讓一個人成為業務，就算在職涯的其他職位，也不能勝任。

最後，本書的出版，也要鄭重介紹一個人，他就是**本書這回的指導教練——吳佰鴻老師。**

提起吳佰鴻老師，他的名聲在教育培訓業界，簡直如雷貫耳。他是艾美普訓練——共同創辦人，學生遍及台灣各地，服務於百餘大企業。吳老師也常受邀至海外演講，學生高達十萬人次。他不僅僅在培訓業做出響噹噹的成績，並且他的業務行銷力，更是令人敬服。舉例來說，當大部分人仍以傳統方式做廣告行銷，吳老師卻能透過與廣播電台合作，讓廣大聽眾可以每周聽到他的聲音，也認識他的事業。

久仰吳佰鴻老師名聲，至於正式的合作互動，則開始於兩年前，我們彼此有很好的交流學習，並且承蒙他的引薦，我正式加入扶輪社，也認識更多的社會菁英，參與更多的社會公益活動。

這回本書能夠邀請到吳佰鴻老師擔任指導教練，本人深感榮幸。相信讀者們也能夠從他精闢的各章分析中，得到寶貴的業務銷售智慧。

最後，再次提醒各位讀者們，所謂業務，人人都需要學。人人都要懂得銷售自己。當你讓自己成為客戶眼中不可取代的人，你會有源源不絕的生意機會，也就能夠創造你的幸福富足人生，你的業務會越做越輕鬆，收入卻反倒越來越充盈。

嚮往這樣的生活嗎？讓我們一起好好來學習「翻轉業務力」。

目次

序章：
獻給有志追求成功人生的你
翻轉業務力，讓你的成功永遠不可取代　008
世界大師商學院　創辦人　路守治

引言：
翻轉業務力，用有錢業務的腦袋做思考　018
本書總教練　路守治

業務心法 1
有錢業務將產品銷售給任何人
貧窮業務不會開發陌生市場　032
從軍職到業務，設定目標，努力達成
——張鶴齡

業 務 心 法

1

有錢業務將產品
銷售給任何人

貧窮業務不會
開發陌生市場

從軍職到業務，
設定目標，努力達成

張鶴齡

在各行各業都需要做銷售，都必須有一個達成的目標。

差別只在，這銷售目標是公司或上級給的，

還是自己給自己的？

此外，目標的設定，是一個空泛的口號，

還是明確、有具體的時間數量以及衡量標準？

自我侷限者，會將銷售定義在原本他所認知的產品定義上，

只有目標導向，訂定目標絕對要達成者，

為了銷售願意突破思維框架。

基本上，我所知道在不同行業可以做到頂尖的人，

多半都是能把目標管理做到最好的人。

爸媽和我不同的目標導向

　　我本身，算是個很有「目標導向」的人，至少，從小我就知道自己想要甚麼，很少處在茫然的狀態，碰到生涯轉折點，也不是隨隨便便做個選擇，或跟著大家後面走。

　　我是軍職退伍，過往人生大半時候，都在軍伍中度過。說起來，軍隊就是個具體的「目標導向」職業，可不是嗎？從最基層的班兵，到一整個連，往上營團軍部等各級單位，永遠都處在各階段目標的導引及督核下。所以，對我來說，目標管理是再熟悉不過的事。

　　然而，同樣有著目標，為何各單位表現還是良莠不齊呢？關於如何做好目標管理，我其實要等到退伍後和路老師學習，才真正體會。

　　為了凸顯之後業務人生的差異，在此，先來說說我的軍旅生涯階段吧！

　　出生於一個平凡的勞工家庭，從小我就知道，將來若想過好日子，絕不可能依賴家人提供甚麼經濟後援。其實，我爸媽的觀念還是比較傳統的，他們寧可自己吃苦，也要把孩子照顧好。爸媽工作辛苦，媽媽在家還得兼做家庭手工，可就是不會讓孩子在外風吹雨打。對於孩子的期許，他們給予的目標也很明確，就是「好好念書→好好考試→有個好學歷→有個好工作→有個好薪水→結交好朋友→組建好家庭→擁有快樂人生」。

　　如果人生真的是那麼簡單的單行道就好了……問題是，以上每個箭頭前後，都有很多的「但書」，一個小小轉折，後面就不一樣了；好比說，誰說擁有好學歷就保證有好工作呢？擁有好薪水？甚麼是好薪水？如果依照報紙上所列的上班族收入標準，那是好薪水嗎？

　　當然，在我學生時代，可能還沒有那麼大版面的「22K」報導，

但所謂「薪資永遠趕不上物價上漲」、「年輕人一輩子買不起房子」，在那年代，就已經知道。

因此，比起爸媽設定的目標，我自己另有一套「更符實際」的想法，那就是去念軍校。一來幫家裡省錢，二來我在學生階段國家還能給我收入，三來，就是擁有真正的鐵飯碗──工作到老領到老。

軍 旅 生 涯 ， 目 標 生 涯

即便當初我唸了軍校，也仍有清楚的目標規劃。比起許多孩子報名時，憂心忡忡地，似乎是不得不來唸，我卻是義無反顧地，認定就是要唸軍校，不需要家人陪，才 15 歲的我，一個人帶著背包從桃園南下高雄，自己辦妥所有申請入學手續。

那時我有個清楚的願景，就是當個翱翔天際的飛航英雄，這目標非常明確，腦海中甚至能清晰地浮現我駕駛戰鬥機的英姿。所以在我中正預校時期，學習非常認真，成績也算不錯。事實上，一般人可能有個錯覺，以為軍校生都在操練，沒甚麼考試問題。這可就錯了，軍校生考試壓力更大，若功課不好，同樣的成績在民間學校頂多被留級，軍校裡沒過關就會被退學。退學是很嚴重的事，不但沒學校唸，還要賠償自報到以來，國家給予的各種培訓費，加起來可是好幾十萬的。

總之，我用心學習，一心想成為一個飛官，因此預校出來準備分發，我第一志願就是選擇空軍。結果我筆試過關，體檢卻出了問題；可能是因為預校時期太認真讀書了，就連晚上光線不良我也在看書，導致視力出現散光。這一來，就此與飛官無緣了。

但我是樂觀的人，考空軍官校不成，不代表不能飛。當時我報考了陸軍官校，目標是之後要考陸航，仍舊可以開直升機。為此，我持續奮發向上，用功學習，唸了兩年二專，準備報考陸航。但同

樣地，有散光的我，既然不能開戰鬥機，現在也一樣不能駕駛直升機。

我的夢想又泡湯了。

然而我還是不死心，雖然許多人可能因為理想與現實的落差，而鬱鬱寡歡甚至得憂鬱症，但我這人抱持「山不轉路轉」的心境告訴自己：「哈哈！沒關係，考不上能在空中飛的，那就去飛彈砲兵單位吧！不能飛，就學習如何把你打下來。哈哈哈！就是這樣。」我再次調整目標，這一回我成功了，順利進入了砲兵部隊。

當時的我還只是個青年，也從沒有學過甚麼商學管理。但我清楚地知道，一個人不論做甚麼事，如果心中沒有目標，那每天過日子就會像行屍走肉般。在此我必須遺憾地說，從以前到現在，不論是在軍中，或者後來退伍參與民間工作，身邊周遭，大部分的人仍過著沒有明確目標的生活。所謂明確目標，不是指我每天上班，然後今年要賺五十萬這種，這只是計算薪水必然的結果。所謂目標，是知道自己所為何來。我來到公司每打一通電話，或每次的加班，都有其背後的意義，不只是因主管吩咐就做，這不算目標，也和我們未來的人生沒有具體相關。

不論如何，目標導向的我，後來下部隊正式進入軍旅生涯，在軍中更重視各種目標的達成……但後來，我卻漸漸發現，這樣的生涯，不是我要的。

我還要繼續這樣走下去嗎？

民間職場，有各種目標，包括老闆會給你每個月業績要求、教師會有一定的教學進度、就連總機小姐，也都有基本的公司規定，每天工作要做到一定要求。

然而比較起來，軍中的目標導向只有更多，不會更少。事實上，

我認為軍中根本就是個目標集合體，畢竟，在非戰時，軍隊既非營利單位，也沒有真正的戰鬥任務，但如何讓幾十萬阿兵哥有事做，就是從上到下一環一環的任務，每個任務都化成大大小小的目標。這目標如此之多，乃至於一個人永遠沒有把事情做完的時候，永遠處在忙碌的狀態，永遠都在追逐不知為何而戰的奔勞。

但也就是在這裡，出了問題。理論上，有目標，就有達成的標準，有達成的標準，就會有相應的獎懲以及成就。實務上，當然也有這樣的標準與獎懲，否則軍官如何從一條槓，升官到星星？然而雖在大準則裡，表現好的軍官可以步步高升，但更普遍的情況卻是同工同酬，也就是，不論目標有沒有達成、達到的程度是好是壞，大家都是領一樣的薪水。如果一個人摸魚打混，跟一個人身兼多職忙到爆肝，最終每個同階級的人，領的錢都一樣，久而久之，誰願意當那個「能者多勞」的笨蛋？

於是，我漸漸對軍中生態感到失望。特別是，我原本是基層單位，那時候我可以帶領自己的部屬，身為連長，那些阿兵哥個個在我面前，我說東他們就不敢說西，我說往前衝，大家就算拖著步子也要揹槍往前衝。那種設定目標，就立刻執行的感覺，是很有成就感的。然而後來我被調為幕僚，生活變成整天與印表機為伍，總是做一些書面工作，應付永遠忙不完、總是讓我睡眠不足的差事。

即便如此，當時的我，已經有了家庭，就算對軍旅生涯不滿，也不敢做太大的變動。我已經娶妻，慶幸我的另一半也是軍職人員，唯有同樣是軍職人員，才能理解體諒軍人的工作模式，了解為何明明六點休假，但你約會卻十點才出現，或者前一刻妳我浪漫的喝咖啡，忽然一通電話，我就必須立刻回營的狀況。

如果沒有出現一些額外刺激，我想原本我應該會繼續待在軍中，直到正式退休的。畢竟，這也是當初我投入軍伍的原因，我想擁有一生穩定的生計保障。然而就在 2016 年發生了雄三飛彈事件，那

其實是海軍發生的誤射狀況，我是陸軍單位，狀況照理與我無關。但就在我看到新聞的當下，那天我正在休假，立刻就知道這件事一定會造成影響。果然，新聞剛播不到半小時，我就接到部隊的電話，說總統要視察各單位，需馬上回營為長官做簡報。我當時是在陸軍總部當幕僚，本來從軍就夠操了，但那段時間連續一兩個月，更是被操到不成人形，乃至於連家人都抗議了，他們原本贊成我有個穩固鐵飯碗的，但這事件發生後，他們也顧慮我身體可能被搞壞，覺得這不是長遠之路，再加上種種社會議題，退伍金削減等等。

於是從軍十多年來，我第一次如此嚴肅的靜靜思考未來。當時的我剛好正邁入 30 歲。我心想，如果繼續這樣下去，到退伍時我幾歲了？那時坐三望四年紀，除了軍隊資歷，沒有民間工作歷練的我，找得到工作嗎？若人均壽命是 80 歲，我人生那時也才過一半啊！我要怎樣過我下半場人生？

重新地，我以目標導向，先設定未來，然後往前推想，越想越覺得這條路走不下去。

就這樣，被 30 大關刺激，我認為這個關卡一旦選錯，我的明天就截然不同。繼續走下去，還是換跑道？真的思前想後了 1、2 個月，終於我做出了當時來說風險很大的抉擇——我決定退伍。同時間，我老婆則繼續留在軍旅服務。

退伍投入業務挑戰

會恐懼嗎？在我決定退伍那個當下？

如果我沒準備好的話，當然會，我捨棄了每個月比起同年齡的人來說，相對優渥的好幾萬穩定薪水，改投入茫茫職場，要與為數眾多學經歷都比我優秀的人競爭，我怎能不害怕？

軍中流傳著，軍人退伍後只有三寶（保）職業可做，亦即：保全、

寶塔,以及保險。這 3 種工作,沒有資歷要求,任何人都可以立刻錄取。

不過我早在確認退伍前,就已經積極去接洽各種民間的機會,那時也開始去接觸一些業務培訓的講座。之後更在 2017 年,透過上課學習的機會,接觸到路守治老師的課,也因為上課開啟了我一扇窗,這之後,我又持續上了路老師各種系列課程。

路老師是業務培訓界的權威,實務上,我退伍後的工作,也要朝業務來進行。

我在退伍前,已經找到一個業務工作了,不是那「三寶」,但其實對我來說,所有的業務工作,都是一種挑戰,相對於我過往穩定的工作,業務工作,沒做就沒收入,這仍是種個人生涯轉換極大的風險抉擇。

無論如何,我在 2016 年底退伍,2017 年 1 月就開始在一家資產開發公司上班,這也是一種銷售工作,我賣的產品比較專業,主要是把不動產債權賣給投資客,藉由投資獲利分享,幫客戶賺取利潤。這中間牽涉到很多金融領域的專業,我也是透過許多的學習,建立自己的業務基礎。

剛開始從事這行的我,如同一般新進業務人員般,處處碰壁。你會想,只要我肯努力,就一定有好的結果吧!但實際上卻不是如此。我服務的那家公司,雖然有著基礎的員工培訓,但老實說,對我實際業務推展的效益有限,公司並沒有教我們要如何「締結訂單」,只是一味要業務員多多了解公司的產品及服務內容,基本上,公司的目標,是要訓練「產品解說員」,但我人生的目標,是要獲得高收益以及擁有更好的生活啊!

一邊努力工作,一邊卻又每天碰壁,再怎麼有毅力的人也會被打到昏頭轉向,也就是在這樣心中充滿困惑,甚至想要轉換跑道但

卻不知何去何從時，我有機會開始接觸了路守治老師的課程，終於讓我的業務工作，有了柳暗花明又一村的感覺。

我如何認識路守治老師

從路老師身上我學到很多很多，但在我的故事裡，我就強調「目標管理」這件事吧！其他關於如何開發客戶，如何讓業務推展更有效率，如何打造自己的業務形象等等，路老師都啟蒙了我拓展新的眼界。

這裡説説我如何得知路老師的課程。

之前在公司的規範裡，我不懂客戶的需求是甚麼，公司只要求我們「努力找客戶」、「努力説明產品」，但若我去請教「如何做」得到的回答，總是「做就對了」。

我雖然困惑，但也真的還是「努力做」，我原本想要跑緣故圈，畢竟，我大半生涯在軍旅，也不常和民間陌生人交流，不擅長做陌生開發。原以為緣故開發最容易，結果實際情況是，當朋友知道我是「做業務」的，看到我就像老鼠看到貓，覺得我是來「推銷東西」，躲為上策，從前的好朋友，現在卻賞我吃「閉門羹」，情何以堪？

當然，多多少少還是有人買單，否則我就喝西北風了。但我也知道，那些買我產品的朋友，與其說是認同我的產品推介，不如說是信任我這個人，捧我的場。但就算是朋友也有限啊！若拜訪完了，我接著又該怎麼辦？

當下我又陷入長考抉擇……印象深刻的是，那日我一個人坐在麥當勞餐廳，時間是下午 2、3 點，我才正要吃午餐，周遭似乎都是些失業的中年人或者不知未來在哪的年輕人。麥當勞本身很歡樂，但現場的氣氛卻有點灰黯。我認真思考著，公司告訴我：「銷售是數字的遊戲，量大是致勝的關鍵，反正就一直跑客戶，最後就

會有美好的果實」，但真是如此嗎？

無奈的我，在麥當勞滑著手機，想要找出路。輸入業務學習的關鍵字，出現了路老師的課程介紹，一些字句吸引了我，像是「如何做好業務，讓客戶倍增？」「如何讓錢進入口袋？「如何讓客戶介紹客戶？」等等，這些字句抓住了我的目光，也引領我開始和真正的業務大師學習。

我是 2017 年正式開始上路老師的課，在那之前，我的業務收入，往往沒業績或單靠朋友捧場，月入 1、2 萬，但自從上了路老師的課後，我的收入開始慢慢成長。

從課堂的指引裡，我開始用全新眼光看待業務工作。

原來不是我原先以為的業務才是業務，任何人面對任何市場都可以做業務。重點在於不自我設限，清楚設定目標，銷售必成。

有了目標，工作感覺不一樣

目標設定，是我業績起飛的重要關鍵。

所謂目標設定，包含我對自己業績的設定，也包含我對客群的設定。

不同於公司一味要求我「努力跑就對了」。路老師會要我們先思考，我們的銷售的目標是甚麼？客群在哪裡？

光想跑緣故人脈，是錯誤的，道理很簡單，熟識的緣故圈非常有限，開發完就沒了，最終還是得面對陌生客戶。確認了這件事後，心態上，就要告訴自己，不要再依賴想找過往朋友了，把眼光轉向具挑戰力的陌生市場吧！

接著要設定目標，這也不是喊喊口號就好。

你說要 50 萬，這 50 萬怎麼來的？要具體切分。例如 50 萬收入代表的是 500 萬業績，其中傭金 50 萬。那 500 萬怎麼來？代表

的是有 5 個人願意各投資 100 萬，還是 10 個人願意各投資 50 萬？這都要想清楚。

當設定了目標，接著就要想，如果你要找 10 個可以投資 50 萬的，那亂槍打鳥對嗎？要想想，誰可以拿得出 50 萬，總不會是社會新鮮人吧？如果沒設定好目標族群，那只是在浪費彼此的時間。

而在目標達成上，還有個二〇八〇法則。透過上課，我才知道，拜訪客戶，不是一味的量多就好，量的背後，要有個成交數的估算。比方說，如果我們每接觸 100 個人，會有 20 個人願意進一步聽你的說明會。然後這 20 個來聽說明會的，會留下 4 個人真正成為你的客戶。

那麼我們心中就有個底，配合我們設定的業績目標，換算搭配到二〇八〇法則，這月業績要達到 50 萬，就要找到 10 個客戶，那麼我們至少要接洽 250 個人，大約平均一天要聯繫 8 個人。

聯繫 8 個人，說難看似很難，但說簡單也可以很簡單，畢竟，我們如果去到一個人群密集的地方，是可以短短兩小時內就接觸到 8 個人的。只不過，以前沒有目標導向時，就一味以為多多益善，但在拜訪的背後，內心沒有一個清楚的數據做支撐，因此拜訪起客戶來，內心就很空虛。

就好比我們去登山健行，當有清楚的里程數，我們可以計算，再 1000 公尺，再 800 公尺……再 600 公尺，就達標。我們做業務，也是心中要有這樣標準，如此，我們任何時刻，都會處在戰鬥狀態，知道每一次成交的意義。當心中有目標，人生就有熱情。

這是我從路老師的課程得到的體悟。

其實，目標管理不只應用在業務推廣上。

也適用在人生各個層面，例如我心中有個藍圖，我將來想要帶爸媽環遊世界，想要跟妻子換間大房子，過著更高品質的生活。

這些藍圖如今也變得比較明確。

這讓我工作更有活力，有目標的人生，就是充滿希望的人生。

張 鶴 齡 的 業 務 經

業務是人生翻轉的王道，但所謂業務，必須突破框架。

好比我從前是軍職人員，但這樣的人也一樣可以把業務工作做好。重點是內心的思維，願意挑戰陌生市場，東西可以賣給任何的人。包括「銷售自己」，也是一種業務。

目標是所有決策的依據。

在軍中執行任務如此，在民間推廣業務也是如此。

打靶要有個靶心，推廣業務也要有個具體的達成目標。

當想到未來，就會想到責任感。

一個沒有設定目標的人，其實也就是個沒有責任感的人。

很多時候，一個人沒有動力，是因為他看不到未來。

但不是真的沒有未來，而是沒有去構想未來。

這牽涉到目標、藍圖，以及具體的行動。

所有的成功，都是結合目標管理與具體行動的落實，方得以致之。

吳佰鴻教練講評

在不同企業，身為主管的人，都喜歡告訴業務們，做事要努力要勤快。但甚麼叫努力？甚麼叫勤快？於是許多時候，公司高層就直接給你設定目標，因為有了目標，要設定「比較值」就比較容易。

例如設定目標 10 萬，若只做到 5 萬，就是還有很大的努力空間，做到 9 萬，成績很好，但也尚未達標。有了這樣的目標，就可以讓一個業務決定接下來要再多努力些，還是可以輕鬆以對。

一般以保險公司來說，可能會規定一日 3 訪。這 3 訪絕對不是公司憑空規定出來的數字，而是經過經驗累積而來。

基本上，身為業務工作者，每月收入要靠自己打拼，但工作辛苦，一定也希望月收入至少比上班族高，這就會需要一定的業績數字。公司會依照你的數字倒推，然後計算出的結論，就是你每日要 3 訪。

這是基於業務的性質，拜訪客戶，失敗率絕對遠高於成交率，既然那麼高的失敗率，所以就必須靠量大來撐起業績。而如果都已經依照公司的目標，一日 3 訪，到月底還是沒有好的成績，可想而知，你的成功率又比正常值還低，那麼唯一的做法，就是加強自己。

如果別人 3 訪可以做到的業績，你做不到，那就以勤補拙，你就一日 5 訪吧！同時間也訓練自己的口才。或者當你有房貸要繳，有很多夢想要實現，你想更快獲致成功，同理，別人一日 3 訪，你可以一日至少 5 訪，甚至 10 訪。

很多時候，我們問那些頂尖業務為何成功，答案也許

就是那麼簡單。就是比多數人多跑幾次業務就對了。

以漏斗法則來計算，上面的基底很多，但漏出來的只有1、2個。推算到業績上，這個月希望5個客戶成交，這5個客戶是從20個A級客戶中來的，這20個A級客戶則是拜訪100個人中，只留下1/5的菁英。所以總共要拜訪100個客戶，才有可能達到目標。

無論如何，目標可以設定，可以調整，但就是不要只有一味無效的努力，卻心中沒設定一個標準，所謂「多多益善」，反面的意思就是「沒有也可以」。人一旦沒了目標，真的就會這樣，沒有也可以。

好比說下雨天了，心想今天就在家休息吧，明天再拜訪多一點好了。但明天真的會拜訪多一點嗎？沒目標的人，肯定又找其他理由拖延。

如果一個人沒辦法做到自制，那我奉勸還是好好當個上班族吧！至少上班族老闆會給一個目標，最常見的目標，就是每天朝九晚五，這段上班時間你就是要工作，這樣很具體。但真正業務是要靠自己設目標的。過程一定是辛苦的，唯一撐起自己再苦也要往前的，就是因為擁有目標。

有句話說，辛苦一陣子，享受一輩子。

這是給有目標的人。

若沒目標，就可能是輕鬆一陣子，辛苦一輩子了。

訂下目標，堅持達到，月底就會有甜蜜果實。

業務心法

2

有錢業務能在瞬間與顧客建立親和共識

貧窮業務無法在短時間得到顧客信任

不刻意做業務，
最終卻成為成功業務

光迪

　　甚麼是業務？如果以傳統的標準來說，我的工作和業務根本搭不上邊，我過往有超過 16 年時間過的都是軍旅生活，自 2017 年退伍後，目前從事的是房地產投資，也是和業務屬性看來不相干。

　　但如果以為只有賣東西給別人才叫做業務，那就是把業務的定義看得太窄了。我從和路守治老師學習的過程中知曉，其實我們每天任何時刻都和「業務」脫離不了關係，只要必須與人溝通、必須與不同單位互動，當我們想讓生活過得更好，讓別人更尊重我們。所有可以讓事情變得更順暢的這個過程，就一定和業務相關。

小齊的業務成功案例

　　我本身不是典型的業務，就先讓我舉一個典型的業務案例吧！這也是我有機會演講的時候，常常分享的實際案例。

　　大約在 2010 年左右，我的連隊上進來的新兵中，有一位數學頭腦很強的人，姑且稱他為小齊吧！這個小齊，在民間的工作，就是個保險業務員，當然一到軍中，大家都是戴鋼盔穿野戰服，除了閒聊時間外，不會刻意去聊入伍前的工作。

　　這個小齊也是如此，印象中，我沒見過他主動在營區裡做業務推銷，反倒見他總是認真做好他在軍中的本分工作，由於數學能力強，他擔任的是測量兵，在營部支援參四的軍中事務。

　　我必須說我很佩服這個小齊，他沒有特別去賣保險，他在軍中也完全沒有做出會惹人爭議的銷售行為，但結果在他短短一年多的服務期間，單就我知道的，就已經有超過 20 位士官兵，來和他買保險。包括我在內，我也是他的客戶。

　　這裡我必須強調的是，當初跟他買保險，完全是心甘情願的，怎麼說呢？就是我覺得我信任他這個人，我願意跟他買產品。

　　小齊是如何做到的？他其實不刻意去賣保險，但他賣的是另一個更重要的「商品」，也就是「他自己」。小齊做人做事非常的成功，同伴有需要幫助，他絕不會丟著對方不管，團體活動時，他都願意站在最艱難的位置，不論做勞力活也好、出任務也好，他都做到跟大家和諧一致，成為大家信任的夥伴。而與他相處的人，若要簡單對小齊下評語，往往都會講「他這個人夠朋友」。

　　也就是因為如此，當大家信任小齊這個人，後來有機會知道他本身有在賣保險，就願意跟他買。

　　這絕對不只是同儕間的捧場，這背後的信任已經是更深層的。舉個例子，小齊負責參四業務，如果他平常把這工作做得七零八落

的，那大家還會相信他嗎？實務上，小齊的工作每次都做到讓長官沒甚麼好批評的，各種裝檢、演習、日常的業務報表，都做到專業達標，每次都能得到很好的績效，他不僅讓自己工作被肯定，還讓長官們可以輕鬆。這樣的人，讓人放心，所以大家也就「放心」把攸關一生的保單委託給他。

小齊現在還是我的朋友，但不只是因為他是我的保險業務，其實，小齊就是個很「夠朋友」的人，不論有沒有買過他的保險，只要和他共事過的，他都大方地說，下次大家經過他的家鄉台南，一定要通知他一聲，他一定會盛情招待。實際上，我也真的有機會去到台南，感受他對人的真誠。他帶我去吃好吃的在地美食，認真跟我導覽在地的古蹟文化。

這只是朋友招待，至於真正保單的問題，那就更不用說了，小齊的售後服務做得很好，常態的保持跟我噓寒問暖，若我有任何保險相關的疑問，他也都不吝撥時間幫我解答。

但這樣對小齊有甚麼好處呢？我幾次去台南打擾他，但我後來並沒有增加保額。實際上，他的做人做事成功還是有帶來正面影響，我雖沒有再加保，但我卻願意無償幫他做推薦，至今，我已經至少介紹過四位新朋友給他，中間絕沒拿任何好處，我不是因為可以有介紹抽傭才幫他引介的，我是真心覺得小齊這個人夠好，真的值得信任，才推薦朋友給他的。

這就是小齊的案例。

剛好軍中這個環境，正可以凸顯他的業務特質，當一個人處在一個不適合做業務銷售的地方，卻還是可以拓展他的業績，從本案例我們可以看到的，關鍵因素就在於小齊做到了讓人「信任」。

16 年軍旅生涯

　　許多人覺得軍人這個身分，是比較與社會脫節的，莫說各種商學實務的應用，就連基本的社會現今流行趨勢，可能都因為軍中比較保守封閉的環境，而反應晚民間一拍。

　　但軍中這環境，其實也可以看出許多社會的縮影，其中也會有很多業務工作可以參考的例子。像前述小齊的案例，就是因為放在軍中，而更凸顯出一個人做人做事成功對業務銷售有多重要。

　　先來談談我的軍旅生涯吧！

　　我算是年紀很小的時候就已入伍，因此我的觀察，應該更加地符合典型「軍中觀點」。

　　我是高雄人，是家裡 5 個兄弟姊妹中，年紀最小的，當年由於家中經濟因素，我被說服要去念軍校。猶記得那時候爸媽跟我說，當軍人很有意思的，可以每天運動，只要跑跑步，不需要煩惱甚麼。

　　算是被騙進來的吧！畢竟，軍中當然不會「不需要煩惱甚麼」。不過那時我能夠唸軍校，也算不容易了，我是從預校開始唸起的，就算在當年，軍校的錄取率就已經不高，到現在，據說要程度可以考上雄中的人，才可能考上軍校。

　　不論如何，我考上了，也念了 5 年的軍校，之後從少尉軍官幹起，在部隊歷練，曾經去過外島，更多時候，則在本土的基層連隊服務。

　　撇開剛下部隊時，因為是菜鳥，所以難免比較會被上級「釘」，甚至連快退伍的上兵也會欺負我這新進的軍官。但度過菜鳥期後，日子過得也算順遂，雖沒有官運亨通，至少也還算生活平穩。對於我這樣窮苦人家出身的人來說，我有的就是一份穩固的收入，並且在經濟基數相比上，我已經比同年齡的朋友，生活收入要穩定得多。

如果只是這樣，那日子一天天過下去也還可以。特別是對我來說，我都已經度過最艱辛的新訓培養時期，成為軍中的老鳥，往下繼續走，等著我的是升少校，月薪再提升，權力也再增加。或者至不濟，我可以撐到做滿 20 年再退伍，彼時每月會有一筆終身退休俸。總之，我的面前有幾條安穩的選項，但我卻選擇在已經工作 16 年，本身績效也還可以的時候，提出離職申請，就算經過長官不斷慰留，我仍在眾人不解下，於 2017 年底以上尉職退伍。彼時的我，其實尚未找到未來出路，以業務角度來看，只能說，當時我決定先「逃離痛苦」，即便我尚不知如何「追求快樂」。

那到底我要逃離的「痛苦」是甚麼呢？

當民間業務模式來到軍中

其實，我是個做事很認真的人，我願意盡忠職守做好我該盡的本分，但如果事情超出這個範圍，要我做「盡本分」以外的事，那就讓我比較痛苦。

我後來才知道，我所反對的一些種種軍中人際，其實也是一種「業務」，也就是透過有技巧的做人做事方法，讓自己原本的目的可以順利達成。

做業務，這件事沒有錯。好比說，在民間業務單位，不同的公司都要銷售機器給某個大機構，這中間各公司的業務代表們，各顯神通，透過種種方式加強自己公司在客戶眼中的印象，或者設法與大機構承辦人打好關係，構築將來更可能的成交機會。此外，在民間企業裡，兩個可能的經理候選人，透過平常懂得與各單位做交際，建立支持自己的人脈，最終影響到公司高層做職位調升的判斷。這些都是「業務」，只要過程沒有非法，或不做太過不道德的行為（如背後中傷，發黑函、挑撥離間等等）都應該是職場常態。

然而民間那一套，若也要弄來軍中，並且形式更變本加厲的話，那就是我不能接受的。

　　其實這樣的文化行之已久，只是看不同單位可能嚴重程度有輕重之別罷了。

　　我自己剛下部隊時，就很不能接受軍中的應酬文化，下級軍官們，為了要討好長官，會有大宴小聚。而明明下級軍官是收入最少的，卻往往要擔任買單的角色，這讓我不太認同。

　　之後有一段時間去外島服役，那時候，軍中事務相對單純，只要做好基本軍事操練就好，那也是我覺得非常快樂的一段時光。然而，回到本島後，就多了各種繁瑣的檢驗業務，這時候，我非常不解一件事，所有的工作，就依照國家規定的流程中規中矩的完成就好，但為何一件簡單的工作，後來會變得困難重重？乃至於形成一種不成文的通則，所有基層單位要送檢或者去上級單位辦理業務，就必須要打賞承辦人員，當然不至於要到送紅包這樣公然違法的地步，但小一點的包括送飲料，小紀念品等等，或者至少每次見面都要哈腰低頭講些讚頌的話等等，這幾乎變成常態。

　　如果不這樣做會怎樣？理論上，大家都在軍中服務，要服從軍中規定，所有公事只要依照規定好好做就好，但實務上，就會明顯發現，如果沒事先做好「打點」，那麼，後來的流程就很難走下去，總會被刁難，或者承辦人員總是「沒空」處理你的事，或者承辦人員會因為一些小問題，就把你退件，你又必須重頭跑一次流程。

　　而更讓我印象深刻的是，後來我輪調的單位之一，必須參與演習檢測。在軍中，演習是年度重要任務，許多單位也為此會被操到人仰馬翻，畢竟，演習如同作戰，大家都要嚴肅看待。我那時算幸運，不是在參與演習的作戰單位，而是比較隸屬於裁判的單位。但讓我比較心寒的，是在那過程中，我看到太多的現象，基層部隊為了爭取好成績，做出討好裁判官的事情，甚麼請客送禮喝酒等等，

在合法的範圍內極盡討好之能事，而且説實在的，這些「業務交際」當然也真的會影響結果，所謂吃人的手軟，至少演習成績比較不會被刁難。

但這是公平的嗎？

就是這類的事情，讓我內心有了無法長期繼續服務的念頭。

原來每個環節都有業務

當然，這樣的事不是一朝一夕，也不是以前沒有現在才有，那麼我為何直到工作 10 多年才決定離開軍伍呢？

這也是大家共通的問題，不只是我身在軍中如此，相信在不同行業也是如此，這世界有多少人，處在一個行業，雖感到不滿意，卻又不敢離開？正所謂「家家有本難念的經」，你説這環境不好，但比起環境不好，還有更重要的事必須考慮，不説別的，單説若失業了，你若連下個月的房租都繳不出來，那還談甚麼其他的呢？

後來我有機會去上路守治老師的課，也才接觸到這樣一個名詞，叫做「舒適圈」。這「舒適圈」可不是真的指環境舒適，而是指對於生活來説，那是比較「熟悉與習慣」的模式。

對我來説，我有絕對的苦衷，難以做離開的抉擇。當年我就是因為家庭經濟因素才選擇投入軍伍的，十幾年下來，家中情況其實沒有改變，甚至我負擔還更大了，畢竟在全家幾個弟兄中，就只有我有穩固的收入，多少年來，我必須負擔家中的房貸以及種種開銷，幾乎任何狀況發生，所有的人毫無例外的，就把眼睛看向我，反正跟錢有關的事，就我這個家中小弟要負責，因為只有我付得起那些錢。

也正因為如此，當我放出消息説準備要退伍了，大家都來勸我，並且理由都很一致，別的理由都無需説，光這個理由就足夠困住我

了，那就是：「你退伍，那你家怎麼辦？」

是的，我離開軍中，我家該怎麼辦？

從小就在軍中生活，也沒有接受過任何的財商或業務培訓，腦袋的思維，無法轉過來，只知道，我覺得不該繼續待了，但我有經濟壓力該怎麼辦？

在這我要說，學習真的很重要。我就是因為透過學習，才讓腦袋逐步想通，我才知道，我必須跳出舒適圈。

如果我一直把自己困在原點，既沒機會去參與其它的可能性，人生怎麼可能轉變？

無論如何，我選擇了先離開，雖然我當時尚未找到未來出路。

猶記得當年我的上級長官，也就是當時的營長，為了慰留我，也苦口婆心地規勸我，切入點毫無意外地，就是直指我的要害：經濟問題。他甚至就直接問我：「說吧！你覺得軍中要給你多少錢，你才願意繼續留下來？」我直覺地回答就說 10 萬，雖說其實就算每月給我 10 萬我也不一定會留下來，因為已經不只是金錢的問題了，但單就金錢問題，我知道營長就已無言了，就連營長本身月入也無法達到 10 萬。而假定，我有一天真的升官來到營長的位置，眼見現在的營長就是我的未來，那這樣的「未來」好嗎？遺憾地，我並不覺得好。營長收入只比我多沒多少，但他把大量時間耗在軍伍，犧牲了與家人的相處。許多時候，假日只要部隊有任何狀況，營長就必須被緊急召回部隊；至於日常生活中來自各單位的大小事，更搞得他焦頭爛額的，這不是我想要的生活品質。

我在 2017 年初，趁著吃年夜飯的機會，提出了辭呈。而經歷慰留及一段長時間的申退流程，終於在 2017 年年底正式退伍。

在申請退伍時，我根本還不知道未來在哪裡，但感恩有以前的朋友協助，讓我開始認識種種民間的商機。基本上，對我人生最大

的幫助，就是「業務」課程，我也才知道，原來，不是只有將東西賣給陌生人才叫做業務，真正的業務，是無時無刻都在進行中的。

這讓我直接聯想到，我在軍中的時候，不同的階段，下級軍官要討好上級軍官，這是一種「業務」。基層單位軍官，要討好承辦人員（哪怕也許對方軍階比自己小），這也是業務。實際上，這些「業務」若以結果來看，也算是「成功」了，最終，只要讓自己的原始目的（不論是賣商品，或者推廣自己的服務，或者以軍中來說，是讓自己單位績效過關），這都算有達到業務目的。

但，在心裡，我真正認同的業務，還是小齊的那種業務，靠著提升自己的人格，靠著讓自己得到信任，最終又能銷售商品，這才是真正好的業務。

你是否擁有業務心？

因為「學習」改變了我的視野。我在還沒認識路老師前，因為轉職需求，已經開始種種的學習，軍中這方面制度還不錯，可以允許將退人員參與職訓輔導，我也在退伍前半年，陸續考上了幾張證照，包含水電工資格、焊接工資格等等。

但這些證照，頂多可以讓我維生，真正想改變人生，我必須要加強的不是技術，而是改變腦袋。

我因為參加路守治老師的課，不但接觸了業務的基本觀念，也同時上了他的多門課程，就中後來改變我生涯的，就是投資理財課。我因為那堂課，開始跟隨著路老師參與房地產投資，如今，我雖剛退伍沒幾個月，卻已經靠著投資，讓自己當包租公，光租金的收入，就已經不輸我本來在軍中每月的薪資。當然，這才剛開始，未來我還有很多繼續要學的地方。

路老師帶給我很大的影響，是學習用不同角度思考事情，以前

我以為所有的互動，就只是完成一件事的必要過程，後來融入業務觀念，才知道，任何我們與人的互動，就是一種業務。例如，我們透過互動，打造一個別人眼中我們優質的印象，那麼往後其他人就願意跟我們有進一步合作，如果我們是在銷售產品，那麼客戶要購買產品的前提，也是要先對你「這個人」印象要好。這是我在業務課堂上學到的重要觀念。

最終，我要強調信任的重要，所有業務成功的基礎，都跟信任有關。我為何想退伍？就是因為我已經對這環境感到不信任了。我為何認識路老師沒幾個月就跟隨著他投資？就是因為我信任他，不只信任他的專業，也信任他的品格。

如何以業務心來迎接更美好的未來生活，這是我還在學的部分。但可以肯定的是，一個人要改變自己人生，就必須要提升自己的「業務心」。

光迪的業務經

· 人際關係是關鍵。當我們重新看待人際關係，那就可以衍伸出不同的思維，業務力就在其中。

· 家人也是業務心的啟動關鍵。我退伍的動機之一，跟我母親有關，我母親那年罹癌，從發病到過世，只有短短的 3 個月。於是我深自反省，當母親在世時，我總因為忙碌疏於問候，就算休假回家也是在自己房間休息。母親離世，讓我感知到親情陪伴的重要，這讓我更加想要退伍。

· 同樣的事情，當我們「用心」去做，就有業務力在其中，業務力的展現，讓自己做人做事受到肯定，讓自己的所作所為得到信任。總之，銷售產品前，要先銷售自己。

吳佰鴻教練講評

　　光迪先生，本身軍職出身，後來跟著路守治老師，在房地產領域有一定的成就。

　　雖然過往領域是軍職，較少入社會後的打拼歷程，但他故事中，倒是有一位標準的業務形象，也就是小齊的例子，令人印象深刻。

　　統一集團創辦人高清愿董事長曾說：「學問好不如做事好，做事好不如做人好。」這件事千古不變。

　　所以有些人看起來儘管口才不好、個性很憨厚，但是他的業務能力卻可以做得很好。就像本篇講的這位小齊，雖然人還在軍中，就是可以做到銷售，因為他先做人成功，所以銷售成功。

　　在任何地方都一樣，當你處在團體中，能夠讓別人覺得你這個人很好，值得相信，那麼銷售東西就很容易。

　　舉一個例子，在我們扶輪社，參加的朋友們，雖然許多都是企業老闆，但在這場合，並不會刻意拓展業務，而是將重心放在「做人」。發名片時，印的也是扶輪社的稱謂而已，不是某某董事長。大家不是透過名片，而是透過平日互助合作，一起協調、一起分工，在幫助別人的同時，

也建立交情。這樣的交情，不是透過業務簡報可以取代的。

所以我們是先做人，再做生意。

常常有的時候，有些菜鳥業務，聽說扶輪社都是大老闆，覺得來這裡肯定有生意可做，抱著這樣想法出席扶輪社聚會，然後一到場就到處發名片。雖然業務很熱情，但我相信，他最終成績一定不好，因為他只顧做業務，沒做到人情。

我們常講「不銷而銷」。你要先成為大家的朋友，贏得大家的信任，再來銷售會事半功倍。

再回頭來談故事中小齊的例子，他不一定直接在軍中推銷保險，但他肯定在軍中是個願意熱心助人、願意認真工作、不偷懶、不陷害別人。當認識這樣的人後，總有機會聊天，然後問聲，「小齊，你在民間工作是做甚麼的？」

這時候他再說自己是賣保險的。這時，就算他不主動推銷，朋友還是會問，「保險有甚麼好處？你可以跟我說明一下嗎？」就這樣，他業績會好，就會是理所當然的。

所以一個人要成功，平日做人要先成功，累積信任感。

簡單講，銷售產品前，要先銷售自己。

這是銷售不變的道理。

【 小鳥與牛糞 】

一隻小鳥正在飛往南方過冬的途中。因為天氣太冷了，小鳥凍僵了，從天上掉下來，跌在一大片農田裏。牠躺在田裏的時候，一隻母牛走了過來，而且拉了一泡屎在牠身上。凍僵的小鳥躺在牛屎堆裏，發現牛糞真是太溫暖了，

牛糞讓牠慢慢醒過來了。

　　牠躺在那兒，又暖和又開心，不久就開始高興地唱起歌來了。一隻路過的貓聽到了小鳥的歌聲，走過來看個究竟。順著聲音，貓發現了躲在牛糞中的小鳥，非常敏捷地將牠挖了出來，並將牠給吃掉了。

　　這個故事的寓意是⋯⋯

· 不是每個在你身上拉屎的都是你的敵人。

· 不是每個把你從屎堆中拉出來的都是你的朋友。

· 而且，當你陷入深深的屎堆當中（身陷困境）的時候，閉上你的鳥嘴！

　　祝福所有閱讀此書的讀者，業績蒸蒸日上，事業鴻圖大展！

業務心法

3

有錢業務能發現顧客的需求

貧窮業務總是無法找到顧客的需求

直搗人心，
滿足需求就滿足業績

羅伊柔

　　就算只是在湖畔賣咖啡，一杯 150 元，也牽涉到銷售的學問。這中間，有銷售技巧話術，但更重要的是，是銷售的熱忱和那顆服務的心。只要用心，就能看到客戶的需求，看到客戶需求，就能創造業績。

　　曾經，只靠著假日時間打工，我光賣一杯杯咖啡就打造了至今無人能破的銷售紀錄。我的咖啡沒有特別好喝，我的咖啡也沒有附加贈品，那個小小的咖啡據點只有我一個服務員，並且是位在景點園區最遠的角落。

　　為何我能夠讓消費者願意走一段路來這找我買單？

　　因為他們買的不只是咖啡，而是我所帶給他們的小小尊榮與愉悅感。

從小被刻意栽培

說起來，若要追溯起我的業務魂，雖不是來自父母遺傳，因為他們其實並不那麼擅長做生意，但最終仍要歸功於父母的刻意栽培。

從小，我就被灌輸一個觀念，要試著能跟不同的人應對進退。我是家中長女，爸媽並不會重男輕女，也不會刻意把我當成男孩來養。但的確，從小，我就被賦予重任，甚至爸爸後來回憶，當年他曾想說，只生我這個孩子就夠了，這個孩子就足以承續家族的使命重擔。於是有意無意地，我從小就有這樣的認知，我必須要當這個家的支柱，就算後來，我陸續有了兩個弟弟，在家中有了真正男丁後，我仍然是那個被視為主責的人。

原本我的出身背景就比較「多元」，我的爸爸是典型客家人，家鄉在苗栗。我的媽媽則是阿美族，從花蓮嫁過來。結合了客家「硬頸」的勤奮精神以及原住民樂觀開朗的天性。在求學時代，爸媽刻意讓我去接觸不同族群的小朋友，一般家長總希望小孩子上學的地方最好是在附近的學區，離家越近越好，但就我的情況，從小學到中學，都刻意被送去不同的鄉鎮，就是為了去體驗和不同族群的人生活，並且也培養團體生活的能力。

也因此，我這個人，從小就不怕生，也不害怕面對改變。相反地，我比較不愛一成不變的模式，所以，當許多人的志向是將來當公務員，我卻在中學時代就已經把這個選項篩除。甚至包含上班領固定薪水這樣的事，也都很早就被排除在我的生涯規畫之外。

雖然從小就想要追求變化富挑戰性的生活，但那時候還不懂甚麼叫做業務。我所接觸最接近業務性質的場域，其實就是自己家，爸爸那時擁有一個工廠，後來也有開店。不過若要說學習，當時學

習的倒是負面例子，家裡的工廠，其實就是傳統的充棉及織布廠，主要承接的是玩具公司的訂單，製作洋娃娃。爸爸是秉性敦厚的人，並不擅長銷售，就是被動地等候客戶來訂單。雖然有著客家人的好客精神，但對人友善，不代表就會做生意，我想，這也是後來，他有機會就盡量讓我去外地念書歷練的原因，他希望他的女兒，個性要更外向更靈活些。

平心而論，我倒也沒辜負他的期許，至少，在我們家，我算是個性最活潑，最願意主動與陌生人談生意，後來也因此能夠創出事業的人。

家道中落，長女需自強

原本我只是受到家人的期許栽培，要多磨練自己有更像商人的性格。後來這件事卻變得更加重要，因為，我家的工廠被迫歇業了。

其實若以長遠趨勢來看，從事傳統產業的人早就該知道，當年台灣的工資以及各項經營成本已經失去競爭力，一家家的工廠都已被迫外移到中國或東南亞。我的爸媽，或多或少也該知道這樣的趨勢，卻為了陪伴孩子的成長選擇繼續留在本土，到頭來終究接不到訂單，工廠無法經營下去，家庭也陷入困境。

當家中出現危機，身為長女並且從小就被賦予重任的我，當然感受到很大的壓力。但仍只是個少女的我，也無法幫助家人甚麼，那時候就感到心中焦慮，也因此，我在財商及業務領域算是很早熟，別人中學時代都在乖乖看書或者夢想著談一個美美的戀愛，我的中學時代，卻開始找機會在看一些理財書、業務書，印象很深刻的，當年啟蒙我的一本業務書叫做《猶太人的經商法則》，我受那本書影響很大。

也因為家道中落，我必須強迫自己強大起來，所以少女時代的

我就是比較強勢的女孩，我非常好面子，個性也比較外向，受著好勝心驅使，我不但功課要表現得好，其他領域，好比說賽跑，我也都要得名次。當老師問大家，將來的志願是甚麼，有人說要當新娘，有人要當護士，但我一次都沒有變過，我就已經決定要當個女企業家。

這一點，從當時到現在，我的志向，真的始終如一。

國中時期，我追求五育平衡，都要最好的。但可能是律己太嚴，自己給自己壓力太大，後來考試失常了，沒能進入心目中的理想高中。一方面考高職成績倒是不錯，能進入不錯的學校，一方面也是心中有個聲音，告訴自己，家庭經濟狀況不好，也許念職校是個好選擇，後來我就去唸了新竹高商。

只不過，才高一我就後悔了，我心中還是想要念到大學，我不想走技職體系。那怎麼辦呢？還好我遇到一個對我很好的老師，他允許我，若有心想唸大學，讓我在課堂上可以看自己的書，我後來常一個人跑圖書館，讀升大學相關的課本。然而我的心當時也很混亂，既想升學，又想幫家裡分擔經濟；總之，我是個焦躁的少女，也像個想上戰場卻不知往哪衝鋒的士兵，當時雜七雜八的讀了許多勵志及理財類的書，包括房地產投資等等，只不過當年有看沒有懂，距後來我真正自己做房地產投資，已經是 10 多年後的事了。

光賣東西並沒達到真正需求

現在要談到我的業務初體驗了。

高職念到三年級，我不想接著升技職，而是想考大學。但我在校缺乏高中學習的底子，且花了太多時間看和考試不相干的勵志書，理所當然地，我大學落榜了。

落榜當然就得重考了，重考沒關係，但多這一年的學費，我要

自立自強。於是在重考那一年，我開始去飲料店打工，考上大學後，我也利用沒課的時間繼續去打工。

談起賣飲料，似乎跟業務沒有直接相關，因為基本上，這工作是算時薪的，就算你多賣出幾杯飲料，報酬也不會增加。

但我卻在那時激起了自身的業務魂，不管有沒有業績抽成，我就是把賣飲料當成一種挑戰，不賣則已，一賣就要業績亮眼。所以那時我賣飲料，可不是乖乖呆站在攤位後面，被動等人來買。而是直接站在攤位面前，吆喝希望客人來喝杯涼的，並且我還無師自通，懂得跟不同客戶建立感情。

一般人買飲料，服務小姐頂多問「要幾分甜、冰塊要不要加」，但我卻會跟客人抬槓，我會說，先生我覺得你的氣質，適合用紅色的吸管。然後冰塊我不是只問要不要加，我會問你希望有幾顆冰塊呢？當然冰塊多一兩顆其實不是重點，重點是當我這樣跟客人互動，他們會覺得我這女孩很有趣，很親切、很特別，尤其在男孩子面前，我會做出可愛俏皮的表情；可想而知，許多人就會特別想來找我買，甚至後來還呼朋引伴，想要看看我怎麼為他們調配吸管的顏色。

「先生，你適合綠色。」「小姐，你適合純白吸管。」

跟客戶們嬉戲笑鬧間，我的飲料自然就賣很好。

適時的與客戶在銷售模式中禮貌性的互動，讓原本銀貨兩訖的「買賣」，有了情感上的連結，手上的這杯飲料更增添了一份「溫暖」。

真的，我必須再次強調，沒有人教我這些，我賣飲料賣再好時薪也沒有增加，甚至當時我根本也不知道這種手法叫做行銷。我只是單純的認為，客人要來買東西，那就讓大家愉快的互動吧！這也

是延續爸爸小時候鼓勵我多接觸不同族群的意涵。

而實際上，我也從互動過程得到快樂，這讓我賣飲料不再只是制式流程，不再只是為了收入必須「撐到」下工的苦差事。

而當年我的那套服務，還有另一層更深的意義，那就是讓我懂得「如何討好客人」以及「永遠尊重客人」。

其實以服業務來說，客戶真正的需求，不只是那個產品。他的需求，其實是「他自己本身」必須「得到滿足」。

一手交錢一手交貨，那樣得到的服務，只是「理所當然」的服務。但除此之外，超越期待的滿意感，就是真正讓他「需求滿足」了。

把自己當老闆

有時候同樣一個產品，同樣的銷售價格，甚至同樣也是笑臉迎人、禮貌送交。但心態不同，客戶感受到就不一樣。

在飲料店時，就算快打烊了，這時還有客戶匆匆過來，我也都還是笑笑的招呼對方。但我知道很多的服務業，甚至包括一些公家機關對外服務窗口，碰到休息時間，就會擺出一副「別妨礙我休息」的表情，就算表面上仍做到服務，但客戶就是感覺到他臉上寫著：「你很不識相。」

其實就算不是快打烊的時間，只要心中存著「我是來打工的」這樣的心態，那麼，服務就不會到位。

說來很多人都不相信，但我從中學時代打工，每次賣飲料時，抱持的心態真就是「假定自己就是這家店的老闆」。

而且從那時開始，我就知道，不需要擁有高深商學學歷，也不需要去研究複雜的業務銷售技巧，光靠這樣的心態轉變，就可以帶來業績提升。而且影響是雙向的，也就是說，不只客戶會喜歡我，

同時老闆也會喜歡我。當然後來有機會和路守治老師學習後，我才了解到這個心態的意義，那已是我入社會後的事了。

當客戶喜歡我，我高興都來不及了，怎會害怕跟客戶見面？因此，我從來就沒有害怕過與陌生人接洽，在我大學畢業前，我就不斷地從事一般年輕人視為畏途的業務銷售，包括電話行銷，那種每打一次電話，彷彿就要先深呼吸，準備面對客戶的冷漠與拒絕。就算是那樣的工作，我也從來都沒有害怕過。我大學就開始加入一家證券公司做電話行銷，到了畢業後，我仍繼續在這家公司服務，只不過我從一個工讀妹妹，變成正式的理財業務專員。

說到這，補充說明一下，我大學念的科系，其實是電子資訊科系。那時的想法仍是為了希望將來畢業後可以分擔家計，聽說資訊相關產業當紅，那年代還有一個流行術語叫做「電子新貴」，所以我這個女孩子，跑去唸了萬綠叢中一點紅的科系。畢竟當年我其實還不懂業務，而實務上也沒有甚麼業務系。

但中間透過不斷打工，以及持續吸收新知，我終於確認，要賺大錢還是應該要做銷售；所以畢業後我去了跟所學毫不相干的金融業，為此，我還特別去考了幾張證照。

另一個影響我沒往電子產業發展的因素，就是前面說過的，從小我就知道自己不喜歡上班族的生活模式，而所謂「電子新貴」，其實只不過是薪水高一點的上班族，甚至後來薪水也沒那麼高了。

當然，就算去金融業，我其實也仍是上班族，也一樣要打卡進公司報到。只不過，打卡還是有區分的，打卡後日復一日過一天，跟打卡後接著面對重重挑戰的人生還是不一樣。畢竟，除非自己開公司當老闆，否則去哪工作，都是員工，都免不了要打卡；包括擔任保險業務員、房仲業務員都是這樣，只有傳直銷業務員不是，但那不是我的選項。

雖然說我還是員工，但我的工作心態，一直以來就是「把自己當老闆」，這也是我業績總是不錯的原因；後來，我在那家證券公司服務了近 10 年才離開。

電話行銷也需顧到客戶需求

來說說我當時怎麼做電話行銷的。

以前我在賣飲料時，能與客戶直接面對面互動交談，展現我獨特的個人魅力與親切感，客戶會趨之若鶩那是可以預期的。但如今我是靠電話行銷，霎時間，我的外表如何、笑容多燦爛，客戶完全看不到。電話行銷對我來說，當時真的是一大挑戰。

老實說，一開始我的成績也不好，跟其他新人一樣，有長達一個月的時間，都在聽電話被掛斷的聲音。只不過，許多人會因此打退堂鼓，轉換跑道，許多人是被拒絕習慣了，可以繼續鎮定地打下通電話，但並沒有改變行銷做法。但我的方式不同，我是真的花了功夫去想，怎樣才能讓客戶願意好好聽我講話。我設定的目標不高，我沒有嚴格要求自己一定要電話成交，事實上，電話行銷人員的初步任務，也不是成交，而只是要讓客戶願意進一步認識我們公司，甚至，只要求對方願意讓我們傳真資料過去就好。

只是光這一步就很難做到，大部分時候，話筒那邊第一句話就是「沒空」「沒興趣」「不要再打了」……

要怎麼突破這種困境呢？從前的打工銷售經驗，給我啟發。以前賣飲料，客戶不只是買飲料，也是為了擁有客戶尊榮感。如果我可以設法滿足這種「心理需求」，那我就可以減少被拒絕率。

當時我有觀察到，幾乎每個電話行銷人員，都是照稿念，公司會準備一張行銷業務稿，上面列出公司的服務項目，以及和客戶講話時，要如何傳達禮貌周到。然而，文字再怎麼禮貌周到，當你是

用念稿的方式，話筒另一端一定感受得到，覺得又是「來推銷的」，心生反感。

　　如果是這樣，我要如何讓客戶感覺我不是「來推銷的」呢？我的作法，就是要讓對方感受到「我是來滿足你需求的」，而要做到這樣境界，別無他法，就是我的心必須「真的」要這樣想。當這樣想的時候，我就不再是照稿念，而是真的假定話筒那頭是我想幫助的朋友，你有財務問題嗎？你希望透過投資讓生活改善嗎？我用這種想幫助對方滿足生活提升的角度打這通電話，並且談話真的就跟聊天似的。

　　有人說，談話就是談話，真的光憑話筒不看到人，就能「感受」到你的誠意嗎？事實證明，這是真的。證據就是，我的業績真的提升了。

　　我不是念稿，而是會有活潑的互動。甚至包括對方若講台語，我也跟對方說「拍謝，我台語不輪轉，可不可以讓我講國語？」對方反倒願意聽我這個小女子繼續講下去，然後電話講久了，雖然還沒談到成交，但至少，對方大多都願意給我這機會，讓我把資料傳真過去，這其中，也有許多人因此進一步和我們公司接洽，我也就圓滿達成使命。

　　秉持著這種態度，我在工讀期間，就已經締造不錯的顧客互動資料達成率，後來升任正職員工，我不只要邀約客戶，也真的要做到幫客戶實際操作理財，那時，我也都讓自己成績頂尖。

湖畔賣咖啡賣出破紀錄成績

　　在證券業服務近 10 年，之後因為面臨雙重打擊，我的生涯一度陷入低潮。但我只把那當成是一個沉潛期，沒有因此失意消沉。

　　這雙重打擊，第一重、是大環境的問題。一波又一波的經濟危

機，雷曼兄弟、金融海嘯等等接踵而至，產業遇上大蕭條，許多金融產業都在裁員，甚至也有倒閉的。第二重、我自己家裡也碰到困境。起初是因為家人生病，我回去照顧，然後無意間得知，當年爸爸工廠歇業後，不只事業停擺，還有龐大負債。學生時代我不知道家裡的債務破洞有多大，直到那年我回家照養家人，才知道債越滾越大，已經面臨要拍賣祖屋還債的地步。

那陣子天天都是愁雲慘霧，我同時要跑兩家醫院，媽媽癌症住院，奶奶也癌症住院，甚至弟弟有一陣子也是住院。

期間我還奔波設法把房子救回來（後來總算房子沒被拍賣），另一方面我不能只靠存款過活，也要兼顧生計，但因我的時間被跑醫院切割，無法找全職工作，何況在苗栗鄉下地方也難以找到收入高的工作。

也是在那段時間，我利用假日時間去一家全國知名的連鎖景觀園區打工，那是一個花茶品牌，全國有分店，其中苗栗頭屋地區更是面積最大，擁有一個兼具觀光以及餐飲的園地，位在明德水庫湖畔，店家的收入，包括門票（可抵消費）、餐飲收入，也包括在散步小徑上的名產小吃攤位。其中，有個獨立的小亭子，地點偏遠，是在整個園區最遠端，許多客人不一定會散步到那麼遠。而我就在那個小亭子負責賣咖啡。

再次地，就如當年賣飲料般，我領的仍只是時薪，咖啡賣多賣少我的報酬都一樣，而且，那個地點太偏遠了，一路走來消費者不只一處可以買咖啡，何苦要走那麼遠到我那買咖啡呢？可我這個人就是，在這個崗位做事就要做到最好，因此，我就是要賣出好業績。

我的作法，一開始就先討好園區其他工作人員，從門口售票員，到一路可能經過的小攤位，我都拜託他們，有機會和客人互動聊天幫我一個忙，推薦來客：「湖那邊風景很美，可以走到小徑底端那邊看看。」

　　我敢保證，只要客人願意走到那個小亭子，我就有把握，讓客人願意跟我買咖啡。原因不是我長得美麗動人，也不是我的咖啡比較便宜或有送贈品，就只是因為我懂得滿足客人需求。我用禮貌周到以及殷勤招呼的方式，滿足消費者被重視的「尊榮感」。讓他們這麼想：「好吧！ 150 元買杯咖啡有何不可？」

　　就這樣，我締造了超級銷售業績，我的成績是原本那個亭子銷售額度的兩倍以上。這樣的成績，除了我以外，至今沒人達到過。

　　故事說到這裡，接下來我的人生，還有其他新的經歷，那又是長長的一段了……那麼讀者們，針對業務的部分，我就先報告到這裡。

　　之後的我，努力擺脫那段困境，家人順利出院，債務也得到解決。當時一個重要關鍵轉折，就是我參加了路守治老師的課程，得到很多啟發。從前的我，雖然一路努力做行銷，但我沒有商學底子，很多時候做事，只知其然，不知其所以然。

　　但在路守治老師那裡，很多事我恍然大悟。在他的課堂上，也做到了把業務技巧清晰的整理，這對我幫助很大。後來我在台北，以更精進的業務技巧投入電子業，因為繼續秉持著服務態度，我們的事業越做越好，如今我也是這家橫跨兩岸貿易事業的老闆之一。

　　小時候的願望──成為女企業家，我真的做到了。

　　今後，我將繼續以滿足消費者需求為目標，持續努力拚事業。

羅伊柔的業務經

買賣沒有絕對。需求也沒有絕對。

　　今天你原本沒有需求，但有時賣方態度誠懇，跟你很投緣，你就忽然又有了想買的需求了。當我們做業務銷售，就是要讓這種需求被滿足。

同樣是業務銷售，為何成績天差地遠？有人成為千萬富翁，有人鎩羽而歸？

　　往往關鍵就在第一步，誰一開始就願意站在客戶角度想事情，真心去想怎樣可以滿足對方需求，這樣的人，就能踏出業務坦途。

世間產品百百種，但講起銷售，最終都是同一回事，就是直搗人心。

　　客戶需求顧到了，業績就來了。
　　不論是哪一個行業，包括服務業、金融業，也包括製造業，甚至公務機關都是如此。

讓客戶記得你、喜歡你，最後全力支持你。

吳佰鴻教練講評

「成功的人找方法，失敗的人找藉口」是鴻海董事長郭台銘的名言，也是面對錯誤發生時的最佳寫照。勇於承認錯誤，並努力思考改進之道，就能從錯誤中學習成功的方法。

我們不能選擇出生的環境、家世以及先天的資源，但我們可以選擇之後的人生該努力的方向，用自己的力量創造自己的優勢。

有的人會抱怨自己出生環境不好、抱怨家中沒錢、甚至抱怨父母的教育程度不高等等。總之，自己之所以沒有成為大企業家，不是因為自己沒能力，而是先天條件不如人。這樣的人，東抱怨西抱怨一堆的，卻從來沒有想過要反省自己。

其實，無論是含著金湯匙出生，或者是曾經創業有成後來不幸失敗，說實話，這些都是「過去」的事蹟。寫在日記本裡可以，但用來做為今後是否成功的依據，那就太過不切實際。

真正能夠成功的人，都會拋開過去，以前的「經驗」不重要，好的壞的都一樣，未來才是重點。該去想想未來要怎麼做。

假設一開始起跑點就比人家晚，那就急起直追，可以透過擴展人脈，增加自己視界等等，讓自己有全新的方向。永遠不要讓自己沉溺在舒適圈裡，包括緬懷往事，都算是一種舒適圈。

依柔從打工時代就知道要去挑戰原來不會的事，她仍能把像賣飲料這樣看似沒甚麼好發揮的工作，做出自己的

特色及業績來。

　　心中要這樣想，我們挑戰一件事，如果成功了，就會有成就感。萬一挑戰失敗，其實也能得到許多帶來滋養的養分，做為下次換跑道的借鏡與經驗累積。

　　對年輕人來說，我要鼓舞你們不要害怕走出去。事業成功沒有秘訣，勤勞是一個必備的功課，此外，要懂得跟客戶溝通，站在客戶立場為他想事情。任何業務都一樣，到頭來，成功的業務，就是能夠滿足客戶需求的業務。

　　如同年輕的伊柔，她知道要找出客戶的需求，還能量身訂做般配合不同客戶，給他們不同的吸管，實際上，她挑吸管的標準不一定對或錯，重點是她的舉動讓客戶覺得自己是獨一無二的，這樣就能帶來消費的好感。

　　飲料和吸管其實是店家本來就準備好，其他人都沒想到的點子，伊柔想到了，讓一件本來的小事，變成客戶加分的依據。以消費來說，客戶感受到好不好喝，除了飲料內容物外，包括銷售流程的感覺也是重要的一環，甚至有的客戶是為了感受被服務，至於飲料已經是其次。讓你覺得交易過程心情很舒服，跟店員溝通很順暢，不知不覺地，連飲料都變得比平常好喝。

　　這道理在不同行業都一樣。所以伊柔秉持著這樣的道理，果然在其他行業也做得很好，後來還創業當老闆娘。

　　所以各位讀者，賣東西給人家要將心比心，你自己喝飲料會希望人家的服務是甚麼樣子，會希望賣飲料給你甚麼感覺，將這套用在你的工作上。那麼，你也一樣，做任何工作都會比較順利。

業務心法

4

有錢業務勇於面對
比自己身價高的人

貧窮業務不知如何
面對比自己身價高
的人

我是如何
面對高端客戶？

李聿豐

　　提起業務工作，一般人很容易直接想到三種典型業務，那就是保險、傳直銷以及房屋仲介。我所從事的就是房屋仲介。

　　只不過，我跟別人不同的地方是，大部分人因為要找工作，而選擇來房仲業挑戰看看，我卻是從一開頭，就已設定這一生要做這一行。

　　當我在 2013 年入行時，房地產正進入翻轉期，這翻轉不是變好的意思，而應該說是進入房仲業的黑暗期。許多在前些年因為房屋大漲而獲利，並且出書開講座招收弟子的老師，到了那年也逐漸被迫轉型，舊有的模式不適用了。

　　但這件事對我來說，卻沒甚麼影響，畢竟，我並沒有先經過甚麼「高漲」期，也就沒必要去比較現在是「低谷」期。

　　反正任何時代，只要努力，就是好的時代。我的業務信念，就是這樣。

八字看出我的房仲人生

　　每當談起我如何加入房仲業的背後原因，很多人都感到不解。的確，如果我跟你說，我是因為八字命盤，「確定」自己這輩子要走這行，你願意相信嗎？

　　先不談房仲，就說我註定要朝「業務」工作發展，這樣說，讀者應該就比較能夠了解。我在念大學以前，就已經決定，我將來入社會「一定」要從事業務工作，這信念非常的強，當別的學生到了大四還在煩惱未來出路時，我則是老神在在，反正我就是要靠銷售實力，將產品賣給客戶建立生涯的人。

　　說起我現在打拼事業的地點，是以大台中為市場。其實我本身是桃園人，後來大學考上逢甲經濟系，才搬來台中住，而就在我接下來服兵役的期間，我的家人也一起搬過來定居，因此我正式從桃園人變成台中人。我在這裡成家立業，我也決心讓我的房地產事業，在這裡成長茁壯。

　　台中是個氣候比北部宜人的地方，我覺得這裡也會是人們喜愛居住的地方，在這裡賣房子一定有前景。但我如何確定自己就是要賣房子呢？因為家中有高人，也就是一個跟我家互動很熟的叔叔。這個叔叔雖說跟我沒有血緣關係，但從我很小的時候，他就跟我們互動往來頻繁，乃至於我後來去台中念書時，有段時間就直接住在這個叔叔的辦公室大樓其中一層。

　　因此我在就學期間受到這位叔叔照顧，這照顧也包括得其親傳。我這叔叔是不得了的人，他是命理界宗師級的人物，是國內的八字學權威，還是某個重量級命理學會的理事長。受他的薰陶，我在大學期間就已經有了命理學基礎，甚至在大四時，我已經能夠「執業」了。那時候，叔叔在某個大賣場裡有個命理據點，很多時候，看守

命理攤的人就是我，我可不只是顧店而已，當客人來的時候，我是真的可以幫他們「掐指一算」的。

也就是這樣的我，自己為自己看八字時，當年就已經看出，我將來「一定要」走房地產這條路。

有朋友問我，八字裡會呈現出「房地產」這三個字嗎？當然不是，簡單說，透過八字我們可以看出每個人的基本屬性，在工作方面，可以分職場（偏向上班）以及商場（偏向做生意）兩大類，至於具體如何再導入要進入房地產呢？這要說下去就比較複雜了⋯⋯簡言之，我知道我要從商，我知道我將來不是坐辦公室的那種人，然後，我要從商就要去房地產，在那裏，有一個很廣大的市場正等著我。

在人人看衰下進場

很少人像我這樣，大四就已經開始在賣房子了。那時我就已在太平洋房屋服務，當其他男孩子，只想趁著當兵前好好的去玩，例如環島或出國甚麼的，我卻已經直接去敲房仲公司的門，然後用很短的時間，我就考上了幾個擔任房仲必備的證照。在那年，我就已經是個合格的房仲。

過沒多久，我就接到兵單必須去報到。但已經有「賣屋經驗」的我，當時對未來感到很篤定。還記得，在我服兵役的那一年多期間，我經常看到年輕人們，每當聊起退伍後要做甚麼？許多人不免就眉頭一皺，憂心忡忡起來，有人說要繼續深造（逃避就業問題），有人說反正先到處寄履歷看看（先騎驢找馬），至於我呢？我的未來就像夜晚在海裡看到遠方的燈塔那麼明確，問題不是去從事哪一行，而是該去哪家房仲服務。服兵役期間，家人已搬來台中南屯，居住地點離我大學打工的太平洋房屋很遠，後來因為地緣關係，我

就去另一家也是國內很知名的房仲集團服務。

我是 2013 年 11 月 27 日退伍,三天後,我於 12 月 1 日正式去新公司報到。

身為一個業務,我當然要熟悉買屋賣屋的各種流程,不過在具體細分上,還是有不同的專業,基本上,房地產業務還可以分成兩大領域,一個是開發物件,另一個是銷售物件,打從一開始,我就對開發物件這個領域比較能夠勝任,後來也據此發展出我的業務模式,當然,我也會做銷售工作,但在比重上,開發部分佔我工作時間的 80%,銷售只有 20%。

如同前面我曾說的,我正式加入房仲業那年,是所謂房地產翻轉,從高峰往下跌落的一年。不知道我志向的人,會以為我是不是「還在狀況外」,明明那年是哀鴻遍野的一年,報上清楚刊載,房仲門市倒了上百家,而能夠繼續生存的也難以過好年冬,就以我當時進去服務的那家門市,依照統計數字,在前一年是全公司業務銷售冠軍,該年的業績是 600 萬,但到我加入後的隔年,雖然仍是全公司業績第一,但數字已經整整砍半,變成 300 萬。

我也輾轉得知,之前打工認識的房仲業務前輩們,很多人都已經轉行,有的去做網拍,還有擺地攤賣衣服等等,包括我一個前輩學姊,後來黯然離開,也這麼表示,她的努力以及付出都沒有打折,但同樣的努力,換得的結果,卻是業績整個掉了一半,這讓人情何以堪。

所以,我就是在這種兵荒馬亂,許多業界人士正要撤離,我卻相反地選擇在這時機點進場打拼,並且這還是我這個年輕人入社會的開始呢!

當然,業務不是靠信念堅定就可以有成績的,我真正能夠拓展市場,還是必須找對業務的方法。

再次反其道而行

做業務要怎麼成功呢？不同的人有不同的方式，以我來說，隨著我逐步在這個領域越做越在行，我發現，對我業績貢獻度最大的，其實是熟客。

首先當然要在我的專業領域很熟，我一進這產業，就主力鎖定在開發物件，也因此我做到熟能生巧，同事們也跟我很能搭配。這樣合作的基本模式，就是我去找到新案源，簽約後，再委託同事協助銷售。而在開發新案源方面，就非常仰賴於了解這個市場，對我來說，熟客很重要。

做為一個新人，我在服務的前兩年，業績其實只是差強人意，那時候我尚未抓到業務的竅門，但已逐漸發現到一件事 —— 不同地域的客群其實是不一樣的。

同時我也記住了學姊說的話，當時學姊不是說她花同樣的時間業績卻減半嗎？這帶給我的啟發，就是重視掌握時間效率。如果說，花同樣的時間，可以獲得的利潤更高，有這種可能嗎？在其他產業有這種可能，好比說賣汽車，同樣花時間介紹車款，若客戶買的是進口頂級房車，那業務可以得到的抽成一定遠比只賣出國民房車要高很多。同樣的道理，若應在房地產業上，那就更加明顯了，因為一般消費品差價可能頂多千元萬元，但不同區域的房地產行情差距可能是十萬百萬呢！

就因為這樣，我在 2016 年 2 月做了一個重大的決定，我決心跳槽，重回我大四時打工過的太平洋房仲。重點不只是換公司，而是當時我去的那家店，負責的區域。原本我在第一家服務的房仲，服務台中五期地段，那兒是文化區域，但以客戶屬性來說，就是一般的公寓住宅，對象是首購族，以及一般中產階級上班族。但如今我換公司來到新的服務據點，這裡位在台中七期，也就是中部的黃

金地段，這裡主力商品是別墅，頂級高樓等等，價位上差距很大。之前在五期，我買賣的標的物，總價就是在 500 萬到 1000 萬間，而現在來到七期，總價一下子變成動輒都是 3000 萬以上。

改變不只如此，我在前一家房仲公司，是有底薪的，當時我做開發兩年也已比較熟手，年收入大約 6、70 萬，對一個單身年輕人來說，日子也可以過得不錯，不需要轉換跑道的。但我仍選擇改變，來到這充滿挑戰的新戰場，這時候，我變成沒底薪，壓力更大。

而且尚未報到我就已聽到壞消息──台中七期是非常難銷售的，特別是經過奢侈稅事件後，一個具體的事實就是：七期從 2014 起就已經幾乎沒有交易了。

如果說，當年房地產不景氣，我硬要加入，那時候大家看我的神情，就像是「你吃錯藥了嗎？」那麼此刻，我跳脫原本熟悉的業務模式，進來這個「零成交」的戰場，大家看我的神情更是「你是不是腦袋秀逗了？」

但總之，我還是在 2016 年，來到新公司報到。我的人生轉機也就在這裡。

向 高 端 房 地 產 挑 戰

好了，這裡要開始進入本篇的正題，為何我的業務主要心法是「要勇於面對身價比自己高的人」呢？因為這就是我最終業績突破的關鍵。

當許多人，看到的是「受房屋政策打壓影響，七期的房子很難賣出」，我當時加入的時候，其實是從另一個角度看事情。

別忘了，我的專長領域是開發案源，所以，我最重視的與其說是「誰來買屋」，我更在乎的其實是「誰擁有這些房屋」，也就是說，吸引我的，不是七期的房子，而是這些房子背後的擁有者。

為什麼擁有者重要呢？不完全是因為我開發物件要和他們接洽，更重要的，我其實就是抱著想認識這群人的想法。原本我就認為，在同樣的時間裡，我跟一個普通客戶談生意所賺到的錢，將遠遠少於跟高端客戶談生意賺到的錢。對於熱愛學習的我來說，我還想說的是，我認為認識這些擁有豪宅的頂尖人士，一定可以拓展我的視野。

　　於是我也真的朝這方向努力。

　　這真的不是件容易的事。過往在其他地區，要找賣方其實一點也不難，莫說我們查房屋權狀就可以輕易找到人，甚至我只要跟鄰里間聊天，就可以很快得獲得資訊。那時我勤跑基層，本來就跟社區很熟，情報得來容易。但到了七期就不同了，有句話說：「侯門深似海」，這是很確實的，即便到今天，我若不是靠著人脈，我也依然無法輕易的接觸到擁有這些房產的大企業家大財主們。

　　想見那些屋主，莫說你在森嚴警戒的大門就被擋掉了，就算有機會進去，一來屋主不一定住這（因為屋主多半擁有很多房地產），二來同樣是門禁管制，出入都是由地下室開高級房車，你根本連面都見不到。再者，許多房產可能是用公司名義登記，而你要見企業家是不可能的，連見到秘書都難。簡單說，我們這種小人物，根本不可能見到潛在賣方的面。

　　但不論如何，後來靠著方法，我終究還是逐一認識他們了，畢竟我是靠開發為主力的人，若連客戶的面都見不到，我在這行就待不下去。

　　然而，在見面前，其實還有一道關卡，那關卡不是別的，就是自己。

　　我雖然經常自信滿滿，但當我開始和那群高端客戶見面時，實在說，我內心也給自己打了很多的問號……我可以嗎？我這種身分的人對方願意跟我講話嗎？碰到這種可能是億萬富翁的對象，我該

講甚麼？談高爾夫球嗎？我這輩子尚未打過高爾夫呢！到底我該怎麼面對一個大企業家啊？

事實上，就我所知道的，不只我們這個行業，許多的業務新人，光是想到以上這些問題，就可能最後嚇到自己打退堂鼓。

就如同有個雖是笑話卻也挺真實的小故事，有個年輕人 A 跟朋友們聊天，說他好期待跟郭台銘學習，聊著聊著，忽然有個小姐從後面走過來，拍拍他肩膀，「年輕人，我們董事長聽到你的話了，很巧他今天休假正帶著家人來這家餐廳用餐，此刻正在專屬包廂，你要不要過去跟他聊聊？」結果這年輕人一聽差點嚇到腳軟，然後結結巴巴幾句，就落荒而逃。

是啊！如果真的有機會你可以跟億萬富翁，或百大企業總裁見面，你確定你有本事和他談話嗎？

當時的我，的確也經常陷入這樣的內心交戰。

終於見到高端客戶

但結果是甚麼呢？我如何第一次和「超級有錢人」講話呢？

答案是，很多時候，我們根本是自己嚇自己。

就算是一個億萬富翁，一個百大企業家，究其實他也是個凡人，每天跟我們一樣吃三餐，甚至穿的衣服有時候也很樸實，我就見過身價上億的人，打扮得就跟鄰家阿婆一樣，還穿拖鞋坐在沙發上看八點檔。

多數人，在還沒有遇見高端客戶前，就已經預設立場，對方可能嫌自己閱歷少，不夠分量，出來談話浪費他們的時間。

實際上一見面，大多數時候，對方都和藹可親。並且，談著談著，我也能找到自信，因為我會發現一件事，也許談起珠寶行情，談起企業家本身的事業，他們是專家，但當談到房地產，包括房屋

格局、房屋交易，其實我所遇見的情況，都是我比較專業。如果說談話的主題，由我主導，對方想跟我學習，那請問我們還怕甚麼呢？

這也是我想跟其他業務分享的，術業有專攻，一個大人物再怎樣都有其侷限，你懂的他多半不懂，見面何須害怕？

就這樣，我後來逐步打開了高端客戶的門。

有人問我，所以我從此打開七期房屋交易的盛況嗎？其實我必須再次強調重點，我是想認識七期房屋背後的持有人，至於七期房屋交易的確有其先天的困難性，本身不被屋主們列為第一要務。但我藉由認識這群屋主們，卻真的打開一大片的銷售新市場。

先來談談我怎麼認識這些人的，答案是：「一個介紹一個。」高端客戶，往往只能透過關係來見到面。

舉例來說，我有一個客戶是個大地主，光在台中一中街就有許多店面在她名下，但這樣的人初始我當然是無法見到面的。我是先認識這個大地主的一個女婿，我幫他先處理了一棟透天厝，過程中我的專業度以及親和力，獲得他的青睞，於是由這女婿親自引薦，我才得以見到大地主。

而初次和大地主交易，她也不是讓我參與大案子，而是聊天聊著聊著，她提到有間小公寓，之前兩三個月委託國內知名仲介公司處理，但到當時都還沒能處理掉，於是就讓我試試看。我知道，這是我的考試卷，如果我沒能做出成績，那麼我和這位大地主的緣分就到此為止了。

對此我當然很認真，當時我已結婚，我的妻子正是我在太平洋房屋的搭檔，我們夫妻倆正好我擅長開發，我妻子則是擅長包裝，我們總是用心規畫每個案子，以獨一無二的方式來銷售，對於這間小公寓也是一樣，我們去看了屋況後，就大膽和屋主建議，之前為何賣不出去，我們認為這房子需要再整理，是否授權我們可以把整個房子重新包裝，在得到承諾後，我們將房子重新清潔粉刷布置，

後來短短兩周內就順利賣出，並且當時還破紀錄，該屋成為該地段成交金額最高的房子。

於是一戰成名，我們獲得了該名大地主的信任。之後她就肯委託我們去處理其他較高端的物件了，必須強調，雖然不是位在七期，但我們處理了許多包括金店面，還有廠房物件等等。更且，透過這個大地主的引薦，我們有機會參與更多社交場合，也因此得以認識更多的高端客戶。

就是這樣，我終於達成心願，可以認識那些頂尖成功人士，打開銷售的新市場。

學習讓我突破自己

在開發業務的過程中，身為年輕人我當然多次迷惘過，但很感恩，約當在我即將跳槽到太平洋房屋的時候，我也在朋友的介紹下，知曉業務界的名師路守治老師，也透過上他的課，帶給我許多珍貴的業務指引。

例如路老師就說，你的收入會達到甚麼極限，關鍵就在於你跟怎樣的人在一起，身邊最熟的 5 個朋友，收入的平均，大致上就等於你的收入。這理論也可以套用在業務上，若我們經常與高端客戶互動，那麼我們的收入水平也會提升，應證在我的情況，的確我自從開發到高端客戶後，年收入都一定能達到 7 位數字。

此外，我也在路老師那裡學到如何理財，這對我們夫妻來說，真的有很大的幫助。另一個改變我最大的，就是學會如何公眾演說，這其實和開發高端客戶有異曲同工之妙；從前的我，雖然可以跟客戶侃侃而談，但一站上講台就覺得怕怕的，這是因為對自己不夠有信心，自從上了路老師的課，我的內心得到啟發，終於敢上台講話了，也因此，從那之後，我也成為太平洋房屋事業的講師，以「城

市獵人」為題，經常性的在公司授課。

這是我人生的另一種新境界。

就像我突破自己，敢於跟比自己身價高的人見面，成就更高的業績一般。我們每個人都可以試著突破自己，不要讓自己被莫名的恐懼所綁住。

當挑戰成功，那種新境界，絕對是充滿歡喜的。

林聿豐的業務經

· 每個人的時間有限，如果可以用同樣的時間，開發可以帶來收入報酬更高的客戶，那將讓你的收入有突破性的成長。

· 許多業務銷售，只專注在產品上，殊不知，若能找到對的人，那影響力會更大。

· 認識高端客戶，可以提高你的業績境界，但首先，你要先突破自己的內心門檻。你必須先對自己有自信，相信自己跟對方是平等的，如此，你才能面對客戶，侃侃而談。

吳佰鴻教練講評

身為一個業務，到底要賣哪種商品呢？這是很多業務在思考的問題。

有人選擇賣低價商品，因為這比較好賣，講求量大創造業績。但有人選擇賣高價商品，雖然不好賣，但每賣出一個，獲利就是低價商品的好幾倍。

就以保險產業來說，到底要賣汽車責任險為主，還是全家福壽險規劃。前者比較好賣，人人有需要，但利潤很低。後者就需要專業規劃，一個案子可能要處理很久。

同樣地，賣車賣房子都是這樣。你要賣高貴賓士車還是賣平價車？難道賓士車不好賣嗎？事實上，台灣有錢買賓士的人，可能比你想像的都還要多，重點是，你知道該去哪裡找這種人嗎？可以想見的，如果去菜市場四處挨家挨戶拜訪，跑到腿斷，也賣不出一輛賓士，但如果去一趟高爾夫球場，那裏就每個人都有能力購買。

所以一個懂得自我挑戰的人，首先，願意讓自己嘗試高單價商品。再者，要挑戰賣出這些高單價商品，當然就要接近高端市場。

你害怕高端市場嗎？為什麼害怕？是因為自卑嗎？是因為覺得自己一定會被有錢人拒絕嗎？如果有這樣先入為主的觀念，那無怪乎許多人只願意選擇低價商品來銷售。其實包括上班這件事也是一樣，你願意看重自己身價應該是每月幾十萬，而不是每月兩三萬嗎？如果看重自己，就可以勇敢跟老闆要求大幅加薪，或去挑戰真正符合自己身價的工作。

本篇的主人翁聿豐，原本賣平價的房子，賣得很好，

後來轉型去賣台中七期豪宅，初始碰到瓶頸，因為他不知道去哪找客戶。但後來他找到突破點，願意主動去尋找高端客戶，最終他獲得好成績。

而原本沒接觸，一當接觸才發現，真的有錢人的生活圈子也都是其他有錢人，認識一個有錢人，做好服務，對方就會幫你介紹其他有錢人，一個接一個，聿豐也不再害怕面對身價比自己高的人了。

當然前提是，聿豐自己本身已經把服務做得很好，而不是說一定有機會認識有錢人就代表生意興旺。他也是讓自己成為房地產知識達人，並且做事認真，肯面對挑戰，當有了這樣的基礎。這時候他就不怕高單價的產品賣不出去的。

相對的，在他之前的業務人員，因為手握高單價產品，卻不知道去哪找高端客戶，所以認定這是個很難做的生意。同樣的商品，卻因心態不同，而可以讓自己人生有了改變。

我們在各行各業都一樣，好的商品，不論價錢多少，一定都有買家，重點在當買家來時，你是不是準備好了？

關於這一點，如果自認訓練不足的人，平常就要多上課，吸收知識，增進本職學能，這樣當貴客出現，你也就準備好了。

業務心法

5

有錢業務享受被
拒絕的樂趣

貧窮業務害怕被
拒絕

業務工作，
讓我重新認識媽媽、認識愛

盈如阿文夫婦
（盈如主述）

　　親情是我可以在事業路上闖蕩，沒有後顧之憂的最大後盾。包括父母家人，也包括總是站在你身旁的另一半。

　　曾經在我年少的時候，搭乘媽媽的車，看著她在市場上和人推銷保險商品，那時候我坐在副駕駛座上，從窗外看著媽媽像個永不懈怠的鬥士，纏住一個對手，就打死不放般，不停地推銷產品。有時候我自己都覺得看不下去⋯⋯「媽媽啊！難道妳看不出來對方已經表示不想買了，妳何必還繼續跟她聊下去？媽媽，妳回來車上好不好？這樣子纏著人家賣產品，我覺得很丟臉耶！」

　　然而，對比於我滿臉羞愧想要找個地洞躲進去的心態，媽媽卻從頭到尾就是笑笑的，彷彿世界上沒有「被拒絕」這種事。

　　10多年過去了，如今媽媽已經退休把事業交棒給年輕人，如今也進入職場經歷過不同波折的我，才感知到，當年媽媽的作法才是對的，反倒年少的我，以為一被拒絕就該離開，這種心態絕非業務人該有的。

　　我也跟媽媽道歉了，我應該支持自己家人的。現在我真的懂了，如今的我也不再害怕被拒絕，真心跟媽媽學習。

確認想要擺脫上班族生活

我是會計本科系畢業，我的先生阿文則是電機系科班生。若依照我們本身的學歷以及尚稱不錯的學業成績，應該都可以在社會上找到不錯的工作，實際上也是如此，我畢業後進入會計師事務所，阿文則進入科技公司。對我們來說，找到工作不是問題。

問題是，這種上班族生活真的是我們想要的人生嗎？

怎麼說呢？人生是一連串的選擇，安貧樂道是一種，安分知足是一種，我們並不批判他人的人生選擇。但單以我們自身來說，我和阿文有志一同地都覺得，人生，還是要擁有更多財富才能達到更多元的幸福快樂。這不是談錢俗不俗氣的問題，而是我們真的有許多夢想都必須依賴 Money。

當上班族時我就察覺自己有些不快樂，婚後我配合先生阿文，離開了事務所，來到了台中過家庭生活，也很快地找到另一份新工作。但如同前述，上班族的生活，要賺大錢真的是不可能，在我這行，也有收入不錯的，前提是要先考取會計師證照，或者像我曾在事務所待過，本來也有機會薪水高一點，可惜我過往沒有累積查帳經驗，所以履歷表還是不算漂亮，仍是個普通上班族。而如同大家知道的，台灣的上班族是上班打卡制、下班責任制，每天就是在付出與回收不成比例的心境中度過，非常疲累。收入不多，卻又忙到犧牲自己的生活品質。

所謂夫妻同心，當時的我心態上疲累，阿文在他的公司裡也是一樣，甚至科技公司還要更操。

終於我倆就想，既然工作都那麼不快樂，人生苦短，何必硬撐呢？於是我和他就雙雙向各自公司遞辭呈，然後就想趁著年輕，去國外走走。

就這樣，我和阿文去到澳洲遊學兩年，過著邊打工邊旅行的生

活。

　　反正年輕就是本錢，我們擔心若年紀再大就不適合這樣放縱了。

　　以人生歷程來說，那是一段很特別的歲月，夫妻倆像再次蜜月般幸福，並且還這樣玩了 2 年。

　　而以影響力來說，那段澳洲歲月，帶給我們夫妻最大的影響，就是讓我們更加確認，人生應該為生活而工作，不是為工作而生活。

　　也就是說，當我們從澳洲回來，心境上已經有了全新的認知，我們以尋找更好的收入做為重新出發的基礎，那樣的話，投入業務工作，就是必要的選擇。

開 始 要 接 觸 業 務 工 作

　　談起業務工作，許多人立刻想到的就是保險。

　　實際上，我從小就開始接觸保險業務了，原因就在於，我自己的媽媽，就是資深的保險業務，直到現在她雖然退休了，但有機會，她還是會和新朋友推介保險商品。

　　媽媽從事這行已超過 30 年了，論起各種業務技巧，其實問媽媽最快。但如同許多家庭的狀況，明明自家有個寶，但子女就寧願去外頭找答案。

　　不論如何，如今媽媽要退休了，她過往累積了龐大的業務人脈，若交接給我，老實說，我自己仍未突破業務心境窠臼，並且我和阿文商量過，一個家庭裡還是要有一個有穩定收入比較好，因此，我的任務，還是先去找個穩定的工作。而媽媽的業務傳承，就由阿文承接。

　　這算是種借力使力，這讓我們的業務至少不用從零開始。特別是以阿文來說，他的過往學經歷都是電機以及擔任工程師，如今要

轉入完全陌生的商學推銷領域，也是種挑戰。

另外還有一個阿文必須承接保險業務的理由，那就是在我倆婚後，彼此都發現各自的出生環境，都有理財不良的問題，我的家裡，媽媽很會做業務，但不擅長理財，阿文家也是。而剛從澳洲回來的我們，看過外國人的生活模式，也深深覺得，好的財務規劃才能確保悠游人生，而這方面，需要累積財商，我們都認為，透過保險業務工作，正好是切入投資理財學習的一扇大門。

當開始從事保險業務工作，也因為職域的關係，會接觸到更多的人，包括不同理財領域的專業人士，也包括一些收入不錯的朋友。這時更加會發現，即便收入高的人，也不代表是會理財的人，往往要請益理財規劃師。而專家輔導的方式，通常是幫他們節稅避稅，但若想要投資的話，還有甚麼方法呢？其實聽說方法還有很多，一些我們從前根本沒想過的，只是該那去哪學呢？

就在朋友推薦下，我們有機緣去聽了路守治老師的課。

當下真的感覺：天外有天，人外有人。

之前去澳洲，讓我們有了一次視野的新提升，認識路老師，開始上他的課，則是一次思維提升、心境提升，也是人生格局提升。

尋尋覓覓追尋最理想的生活方式

我和阿文，是 2013 年結婚的，2014 年去澳洲，2016 年才回台灣。說起來，也都才是這幾年間的事，以年紀來說，我們也都還年輕，很多事尚在進行中。

自從認識路守治老師後，我們的視野格局的確有改變，至少，我們有了更嚴謹的家庭理財規劃，也懂得要去追求有計畫性的美好未來。

也就因為這樣，我雖然同樣仍是個上班族，但心境上不同，工作起來也不再空虛。從前的我，工作就只是「必須工作」，否則沒錢過日子，覺得自己人生被綁住，所以工作很痛苦。現在的我，已經和先生有了較明確的人生規劃，我是在和他討論過後，才繼續過上班族生活，為的是家中兩個人，至少一個人有穩定薪水基礎，讓另一位可以比較安心地去嘗試各種業務的可能。

的確，業務是需要種種嘗試的。

阿文當初承接了媽媽的保險工作，這是他初次接觸業務。但很快地，他就發現，這不是他想要的模式，他還是想做業務，但可能還是必須去找符合他理想志趣的。

當然，關於這些，在過程中，也持續和媽媽溝通，也獲得了媽媽的諒解。

這裡也必須強調，阿文不是因為業績做不下去才離開的，實際上，當他離職時，每月收入也有超過 4、5 萬，已經不比我當上班族少了。阿文會離開，是因為他看到其他更適合的可能。

主因當然還是上了路老師的課，看到人生有另一種選擇，那就是投資理財。包括投資房地產，也包括如何追求各種非工資收入。在學習過程中，阿文發現保險業務每月歸零的方式，對他來說不是理想的累積收入方式。但如何轉換？他還在摸索，畢竟他也還年輕，這段期間裡，過往的老闆找上他，邀他重回科技公司上班，他一方面想要多點時間思索，一方面也希望收入不要中斷，因此也曾回頭再去擔任工程師，跟我一樣是上班族。

這回阿文再回去，收入已經高很多，算是高薪禮聘了。如果是從前的我們，可能就會接受，然後安於這樣的工作人生。但如今，我們都已知道，儘管薪水再高，本質上仍是把一個人時間綁住的形式，這種必須犧牲生活品質的人生，終究不是長遠之計。

經歷了這段時間，邊工作邊不斷地持續學習，以及尋覓更好的人生之路，最終的目標就是要找出可以讓家庭常保安全無虞的非工資收入。

持續進修以及尋尋覓覓後，2017 年，阿文離職，進入一個新階段的人生。

重新了解媽媽當年的業務模式

終於，阿文又開始進入業務的工作領域。

這回，他是想通了才加入了。對讀者來說，我們也要進入主題，談談有關和客戶接觸時，當聽到客戶反對聲音時該怎麼做。

在跟路老師上課時，老師強調了一個觀念：改變人生，就要先改變腦袋。一個人如果困在舊有的環境思維裡，那麼再怎麼努力去想，也都是在舊框框裡打轉。以前我們為何總感覺被困住？因為我們都是上班族，都是用上班族的腦袋去思考，如果要成為有錢人，那就要試著讓自己重新用有錢人的腦袋來思考。

觀察一下，上班族們平常最關心甚麼，就會發現，他們浪費時間在聊沒營養的八卦話題。專注在哪裡，成果就在哪裡。當有錢人在討論著如何變得更有錢，上班族卻在討論著老闆今天又怎樣怎樣脾氣不好，每個人的思維模式，都會引導他們走向不同明天。一個想賺錢，一個想八卦，兩人當然差距就越來越遠。

改變自己的思維，也改變工作的模式。後來阿文的事業發展，決定朝兩路並進，一條是他決定加入傳直銷工作，因為經過評估，這個行業才比較可能帶來符合我們家庭長遠需求的收入，另一條則影響更遠大，阿文準備自行創業，成立一個交易平台。當然，創業維艱，很多事還在起步中，所以他必須邊投入傳直銷邊做創業準備。

這個階段的阿文，經過路老師的培訓，已經有不一樣的業務觀

點。包括我在內，也一起去上課，已經有新的業務思維。也就是在這樣的新思維底下，我回顧過往陪媽媽去拜訪客戶的經歷，才了解其實當年媽媽是對的，事實證明，媽媽也因此成就業務佳績，養大孩子照顧了生計。

當重新審視，以前認知裡，媽媽是在強迫推銷，我自己就是這樣認為，因此我就會對媽媽的行為反感，事實上，任何人如果被「強迫」怎樣，都會感到反感，而這也是大部分業務，會自我設限的前提，他們一當感到自己是在強迫別人，就會自動踩剎車，以結論來說，就是被客戶拒絕的意思。

媽媽雖沒有經過專業業務培訓，卻是透過自己豐富的人生歷練，了解到一些人性的本質，她清楚知道，很多時候，人們表示拒絕，並不代表後面就完全沒有機會。做到後來，她已經把這套思維融入生活中，所以當我在車上覺得她在強迫推銷而感到有點羞慚時，媽媽卻總是泰然自若，繼續發揮她的業務功，持續地和面前的客戶做溝通，而以結果來看，她經常是成功的。

不是真的拒絕，是不知道如何同意

現在想想，當年我不知為何一直沒有領悟？

畢竟事實很明顯，許多當初我以為被媽媽強迫推銷的人，後來不是都買單了嗎？彼此間也沒有反目成仇，許多後來還變成長期好朋友。但人的觀念就是這樣，自己心中有了錯誤假定，就被這樣的預設立場綁住，連對自己的媽媽也是這樣，我沒有看到她的業務優點，只看到她在強迫推銷。

原來，我們許多時候，看事情都只是看到表面。

一個人為何會拒絕你？原因有很多。但我們一般人的想法，所謂「拒絕」就是「不要」的意思。要不要買？不要。就是這麼簡單。

但實際上是這樣嗎？

當我們買東西，會拒絕，不代表我們不喜歡這東西，有可能：第一、我還不了解這東西，不了解，所以拒絕。但若更加了解，我可能就會同意。第二、我的心境還沒轉換，正常人對陌生人的即時反應，都是拒絕。特別是當你本來沒有想到要買東西，有人主動來推銷，那第一反應絕對是拒絕，這是很正常的。

如果因為當下反應是拒絕，業務就告辭離開，那這世界上大部分的業務都無法進行下去。因為除非是菜市場交易，擺明就是要來買菜的，否則一般業務，或多或少都是由「本來不想買」開始的，當被拒絕了，就不願意前進，那原本的「假性拒絕」，就只好變成「真的拒絕」。

當然，當年的媽媽，老實說也不懂這些深奧的道理，但她只知道，當業務本來就會被拒絕，不可能每次被拒絕就回來，做業務的人絕不能自艾自憐，我媽媽知道有些人，就是習慣性地說「不要不要」，但你若真的不繼續講了，那她可能內心瞧不起你：「甚麼？我只說一句，你竟然就這樣真的放棄了，那我看你人生也不會有甚麼出息。」

說我媽媽執著也好，說她傻也行，總之，她做業務就是這樣不放棄，就算被拒絕，也還是持續講。真的以她的經驗來說，講久了，對方就會買了。這件事如此的習以為常，已經變成她業務血液的一部分了，而她做業務也已經 30 年了。

如今，我已不是當年那個看到媽媽在推銷東西，就感到羞慚的不孝女，現在我是衷心佩服我媽媽。而我的先生阿文，也跟我一樣，他不但師法路老師，有機會也會跟我媽媽請教學習。

業務之道無他，就是敢講，不要怕被拒絕，講久了就是你的。

具體來說，為何「講久了」就是你的？

· 對方看到你的誠意

一個一被拒絕就轉身的人，可以想見，做業務的心態，也是「不得不」的心態，這種人不是真正熱愛自己的工作，如何說服客戶？

· 事越講越明

一開始，甚麼嘛！幹嘛要我買這個，我不要啦！為何這樣說？因為我不懂一個東西，當然不會買。但不懂可以學啊！當我一直講一直講，終於你聽到關鍵字了，甚麼？這東西可以幫助我健康喔？甚麼？這東西還可以幫我帶來收入喔？聽著聽著，就由不想買，變成考慮看看，最後終於要買了。

終於我們也明白了，客戶一開始拒絕，不是真的拒絕，而是他不知道「如何同意」。

現在，阿文專心投入傳直銷工作，也逐步累積資金和人脈，創建自己的事業平台，在 2018 年，他的創業之路就要啟動。

而同時間，他的業務工作也穩步成長，有機會，就跟我媽媽聊天，原來，家有一老如有一寶，我媽媽就是個業務之寶。

感恩路老師，也感恩媽媽，協助我們發展快樂幸福的人生路。

盈如夫婦的業務經

· 人生有時候要懂得斷捨離，不要只是一邊抱怨，一邊陷在不好的境遇裡。

· 也許先「斷」了,透過思考,就有了新的道路。

· 業務,是一種溝通的過程,對方的每一個拒絕,背後都有一個原因,如果你協助他處理那原因,那拒絕就不再是拒絕。

· 最常聽到的三種拒絕,就是:

· 沒錢

若對方說沒錢,你就問他,你是現在沒錢,還是一直下去都會沒錢?

如果一直下去都會沒錢,難道你不想追究原因,改變人生嗎?

· 沒時間

你為何既沒錢又沒時間?你有沒有想過,你的人生可以不必這樣?

· 現在不想

我知道你為何不想,任何人碰到陌生事物一定一開始都會拒絕。但就如我的老師告訴我的,改變一定是痛苦的,一定是要做你沒做過的事。如果可以,請給我一個機會,讓我陪你一起度過,我和我的團隊都會協助你。

· 所以當我們了解問題點在哪,就可以透過一層層剝開,找到問題核心,也找到解藥。這時候,你既幫助了人,也提升了業績。

這也是從事業務的快樂之道。

吳佰鴻教練講評

多數人都想要做銷售工作讓自己成長，因為比較起來，做銷售工作的人月收入可以是上班族的好幾倍。

但如果那麼容易，大家早就都投入了。實際上，銷售真的不容易。

有人一開始做銷售沒多久，就開始抱怨著車子難賣、房子難賣、直銷不好做，反正甚麼都不好賣。他們也會說，我真的有努力啊！但客戶就是不斷地給我吃閉門羹，那麼再有實力的人也會沒轍。

真的是如此嗎？難道那些頂尖業務們，只是運氣好，碰到不會拒絕的客戶嗎？當然不是如此。

重點在於認清我們的客戶，當他說不要的時候，是「真的不要」嗎？

有的人說不要，只是代表「現在不要」，但不是真的不需要。好比說，他正在忙碌，他正在煩惱其他事情，當然對於推銷的種種手法都沒興趣。另一種情況，他原本沒有想到這個需求，任何人的自然反應，當遇到陌生人跟自己推銷過往沒想過的商品，第一個反應絕對就是不要。但如果真的就被這句「不要」打敗，那真的也不需要做業務工作了。

要這樣想。客戶說不要，因為他還沒看到我們真正的優點。如何去找出真正的需求，這點很重要。而這件事與學歷高低沒有必然關係。所以本文中，盈如的媽媽做保險出身，她用的是很傳統的方法，就算被拒絕，也仍能開心

的和客戶打成一片，在傳統的年代，銷售的確要講三分情，她靠著熱情創造人際交流的關係，最終在保險業闖出一片天。

　　當然，現代時代不一樣了，保險的銷售要結合數位資訊以及更有技巧的簡報，但基本原理還是一樣的，同樣的，客戶初次遇見陌生人也是會拒絕，但每一個拒絕的背後，都是一種學習。

　　假定我很認真推介了這產品了，但客戶表明不要，那我可以檢討，是否我介紹的方式，客戶無法理解呢？更常見的，是根本就搞錯對象。好比說，今天我的對象是一個單身漢，他比較可能有興趣的應該是平價車，但若是有兩個小孩的夫妻，介紹的車款又有不同。當我們做行銷推廣的時候，是一味地只站在產品角度，想盡方法要把產品推銷出去，還是暫停一下，讓自己站在客戶，想想他的需求是甚麼，他為什麼不要？

　　如果還沒說明產品內容，客戶就拒絕，那可能是現在時機不對，對方正忙碌著。如果有了溝通仍說不要，那至少有了理由，例如太貴、還要跟家人討論等等。有了這樣的理由，就可以進一步討論到「不要」的深層，例如說太貴，是真的太貴嗎？如果其實還是有需要，只是付款方式的問題，那是不是就可以提出可以分期的方案，或者改以另一種方式介紹，例如這產品雖然看起來價位高，但以它帶來的效用看，可以使用好幾年，這好幾年平均下來，價格就顯得不那麼高了！

　　所以業務朋友們，努力認真工作很重要，但做行銷時，也不要只顧自個兒「努力」一直講一直講。要知道，人與人間必然的道理，對陌生人是有所防備的，是不是在導入

產品前，先試著與對方建立好的關係。例如聊共同嗜好 /
共同話題，你們可能是同鄉，可能是校友等等，拉近距離，
再來好好談，那麼，就會減少那種只因你是陌生人就立刻
說「不要」的情況。

　　如何化「不要」為「要」，業務朋友多用心，一定等
得到。

業務心法

6

有錢業務為了幫助
客戶持續不斷成交

貧窮業務害怕得罪
客戶一直不敢成交

走出真正的
價值取向之路

楊嬿樺

「我們這麼多年交情了，算是給你捧個場，但你也要算我便宜些啊！」

「這年頭，競爭那麼激烈，我為何要選擇你？甚麼服務費的，就不要收了吧！」

曾經，我也是這樣的過日子，被客戶掐著脖子般，如果不便宜點，就不給生意。也因此不斷地放低身段，就算只賺點蠅頭小利，也必須千感謝萬感謝地，感恩客戶給你生意做。

但，現在的我，更重視的是自己的專業價值，我提供好的服務，但也請認同我的專業。否則，你可能就不是我適合的客戶。

如此，我反倒生意規模蒸蒸日上，原來，人不一定要靠委曲求全才能贏得生意。專業是不可取代的，相信自己專業，認同自己的價值，我相信自己能夠為客戶做到真正提升。

進入保險產業學業務

我是個熱愛學習的人，從出社會到現在，我每做一行，就一定要成為那行的專家，這不僅僅是對客戶負責，更是對自己負責。

以我現在的室內裝修企業來說，這是我和先生共同經營的事業，由我擔任負責人。我在很早前就已取得這領域最重要的兩張證照，一張是室內設計，一張是工程管理。並且我是如此的專業，雖然非科班出身，卻能在中年轉行後，考取這些證照，也因此我還能擔任教師，教導別人如何考取證照。這更加證明，我不但可以在這行提供最佳的服務，並且我還具備滿滿的熱忱，方能在很短的時間，取得這樣的成就。

先來說說我的成長史吧！

少女時期的我，學業成績不算好，我的學歷也只有到高中畢業。這樣的我，步入社會後，也只是個小小的業務助理。

比較幸運的，當時我進入的是一家國際級的汽車集團，雖然只是個業助，但我有機會見識到一般業務員的工作模式。我當時感覺，這些業務員都好厲害，可以把一個那麼昂貴的產品銷售出去，然後收入比我高很多，過著令人嚮往的生活。就在那樣的環境，埋下我想要擔任業務工作的種子，也因此過了不久，我就離職。我覺得一個人應該趁年輕，去挑戰業務性質的工作。

當時我才 20 出頭，過往不但沒有業務經歷，甚至連工作經歷都很少。但我已設定目標，就是要做業務。所以跟一般人不同地，許多人在找工作時，最討厭甚麼保險公司、傳直銷公司來「騷擾」，甚至在人力銀行網站上設定自己的個資不對這些產業公開。而我卻剛好相反，當時的我，就是主動要去找這類的工作，甚至我後來挑選的，就是最多人感到畏懼的保險業務員工作。

我就是要自我挑戰，我就是故意要挑最難賣的產品做。

必須強調的是，當時不是保險公司來徵聘我，而是我自己做了功課，研究不同保險公司的制度，我看重的不是誰的產品好賣，而是哪家公司的教育制度比較扎實。就這樣，是我主動應徵了南山人壽，之後也在這個產業服務了 5 年。奠定了我真正的業務銷售基礎。

業務工作，開始轉換跑道

我的職涯第一目標，是找到業務工作，我是個勇於挑戰低底薪高業績的人，我要透過辛勤努力賺取更多收入，以及擁有更好的人生品質。

在第一目標達成後，我就開始要做進一步的選擇了。初期的業務階段任務，是要增進自己的業務技能。實務上，我也在務業工作上有了基本的業務成績，擁有一定技能後，接著我就想做選擇，看怎樣的公司，才能讓我更上一層樓。

於是保險業務工作，在當時不是我的最優選項了。原因除了我發現以我每天付出的時間，計算換得的收入後，整體工作 CP 值並不是很高，而且經過 5 年的投入，我感覺自己的價值在貶損中，為甚麼呢？做這行，明明賣的是影響人們一生很重要的產品，但在客戶眼裡，卻老是覺得「我跟你買保險，是有恩於你」，保險業務似乎總是得不到應有的尊重。

更糟的是，當時可能因為市場競爭愈來愈激烈，於是出現了些陋習，例如先說服對方買保險，事後還得退傭金，或者為了「湊」業績，甚麼殺價、補貼、送贈品等等，無所不用其極。那已經超出服務應有的領域，甚至在貶低保險的價值了。

我那時內心就很不解，為何好好的銷售，要搞成這樣？如果這是市場的趨勢，那我可能不適合再待在這裡。

　　無論如何，那 5 年的時間，我雖付出許多，卻覺得學到更多。也因此，當我離開保險產業，我並不擔心後續會找不到新工作。

　　靠著業務本事，我不但要找到工作，並且要找到「我想要的」理想工作。總之，就是決定權在我，由我親自挑選的未來。

　　由於過往 5 年，我過著不論晴雨，每天出門拜訪客戶的辛苦日子，我希望新工作還是要選業務性質，但先不用那麼勞苦的，所以我就挑了一份固定上下班制的店員工作；這依然是業務，只不過客人會自己上門，但如何讓上門的客戶買單，或者買下比原先計畫更多的產品，那就要靠業務力。

　　當然，同樣是店員工作，我要挑一方面具挑戰性，一方面也有很大發展前景的，同時也希望不用那麼常風吹日曬的。初始，我進入一個家具大賣場，業績也做得不錯，也就是在那個階段，我打下了日後室內設計相關的基礎。並且，雖然後來我離職了，但基於興趣，我仍持續的吸收設計領域的知識。離職的原因是，因為大賣場雖是室內場域，但範圍仍很大，每天依然是「走來走去」，我希望工作範圍再小些，例如是單一店面；就這樣，我選擇了珠寶業。

　　也是從零開始，我自己去學習各項專業，在這行做得有聲有色，最終成為高階主管。

不希望只是企業的賺錢工具

　　在珠寶產業的工作，是我重要的轉折期。

　　之前在保險公司服務，比較屬於單兵作戰的形式，每天主要的任務是賣產品，但較少牽涉到組織經營管理層面。

　　來到珠寶公司後，我不只要學習珠寶知識以及不同於過往保險推銷的業務技巧，並且要學習經銷零售以及人才培訓，乃至於行銷策略規劃、市場經營分析等等。

當初進這家店，也不是隨便挑選，我找的是一家很有歷史，在我進入時已經是經營至第三代的珠寶家族。唯有在這麼有歷史的地方，才能學習最深厚的專業。那家珠寶店在板橋發跡，第一代創立時，做的主力是那年代的各種黃金飾品，到了第二代才開始賣珠寶，但當時珠寶仍不是主力。隨著時代演進，到了第三代，就比較走流行路線，在我進去服務後，也經歷更大的轉型，從原本的單一店面，後來已經拓展到四家門市，當時我也已經是業務經理。

　　我很熱愛我的工作，我從一個完全不懂珠寶飾品的人，之後不但懂得更多珠寶學問，也對相應的如何做服裝搭配、如何結合珠寶與開運等學問，有廣泛吸收。此外，對於如何銷售、如何管理、如何帶人，我不但是學習者，也是許多制度的創建者，我將我的業務實戰經驗，化成教育訓練的內容，培訓可以在各家店獨當一面的人才。

　　其實雖然商品不同，運作的模式也不同，但許多的業務核心精神是一致的，從最早時我賣保險產品，之後在珠寶產業服務，到如今擁有自己的室內裝修公司。我本身對客戶的服務態度、內涵都是一貫的，那就是：「秉持誠意」。

　　就以珠寶銷售來說，我必須坦承，我並不是口才一流的人，也沒有透過甚麼顧客心理學或者談話陷阱等等來招攬客戶，我面對客戶的方式，真的就是讓客戶感受到我的誠意，感受到我對所賣商品的專業與熱情。

　　各位讀者，相信你們在買東西的時候，多少也能感受到，某個業務員在銷售時，是真的很喜歡那樣商品，還是只因為職責所需才做銷售？以珠寶來說，一個照本宣科，拿著珠寶對你「做報告」的人，絕對跟一個對珠寶有著熱情，然後希望這麼好的商品你也能擁有，那種心境是截然不同的。

我是如此的對珠寶銷售充滿熱忱，也希望持續在這領域更上一層樓。然而，在那個時候，我遭遇了瓶頸，這瓶頸不是我自身學習心志有阻礙，而是來自於公司的反對。站在珠寶的銷售領域，我想要進階學習 GIA 珠寶鑑定，這樣，我才能在和客戶互動時，能夠做更精準地介紹。但沒想到，當我提出這樣的需求，並且也表明這樣的學習，最終也是會對公司珠寶銷售有益時，我得到的回應是：現在這樣銷售不是已經很好了，何必再花錢做進修？最終只要把銷售做好就好，其他的都沒必要。

這時候，我終於體認一件事，身為企業的一份子，即便我已經在此付出了 8 年的青春，以及一貫的認真踏實，但對企業來說，我仍只是個賺錢的工具，這樣的發現，讓我感到有些受傷。這也讓我確認了，最終我還是得成立自己的事業，這樣，這樣才能讓我的熱忱真正得到最大的發揮。

和先生共同創業

進入我人生的另一個轉折點，那一年，我已經快 40 歲，大部分的時候都投入在銷售工作，以及和工作相關的學習。乃至於，自己也沒太多時間談感情。有個機緣認識了我先生，他的質樸勤懇態度感動了我，於是之後我們結為連理。

當我決定要從珠寶公司離職，下一階段任務，我想要的是創業。試想，與其再去投入一些不同領域也不是那麼瞭解的行業，還不如，就直接幫忙自己的先生。那時候我們的公司還沒創立，但他原本有個小小的工程行，當時，我先生投入建築施工這行，已經將近 20 年了（到了現在，則已經超過 28 年）。

離開珠寶店的我，有時間就陪著先生去跑工地，由於過往曾在家具大賣場服務過，本身對於相關的知識還有點底子。在參與了幾

次先生的專案後，他建議我何不正式去學室內設計？畢竟，隨著時代趨勢的轉變，現代家庭也更重視室內裝修；我認同先生的想法，於是當下就專心投入研習，也在很短的時間內，就取得兩個重要的乙級技術證照。

有了證照，在和朋友互動間，經常得到回應，他們除了恭喜我有了這樣的專業，也都很好奇，這麼難的專業，我怎麼樣學習並考上證照的？我心想，對耶！

「如何考證照」這本身就是門學問。在和先生討論過後，我決定開設一家補習班，專門傳授如何考工程及室內裝修證照。這也是我人生第一次的創業，在我過往的人生裡，從來沒有想過我的人生第一次創業竟然是開補習班，這也是人生的樂趣所在，沒有什麼事是不可能的。

開補習班對我和先生的事業有兩大好處：第一、透過分享資訊，也創造公司另一種收入；第二、則是提升公司的形象。如果一家企業，不僅提供服務，還能教學，那麼，人們一定認為這是家真的很專業的企業。

過了不久，因為我已經有證照了，我先生的工程行，也升格變成室內裝修公司。從原本以承接工程發包為主力的工程行，到現在變成擁有 18 項工程專業的專業設計公司，可以說，一間房屋，從最初的設計，到最終的各項施工細節，我們公司都可以做到。不論是水電、土木、裝修，我們已是一條龍服務的專業企業。

隨著，企業的業務蒸蒸日上，我自己的補習班，在經營 4 年後，也因為業務實在太忙，選擇在 2017 年結束，夫妻倆專心經營這家室內裝修公司。

確立價值與價格的區分

最後，也來到本篇文章的重點，我要說說，我們這家公司成長的重要關鍵。

過往以來，乃至於直到現在，許多業務員或者公司行號的經營觀念，就是「客人多多益善」。理論上這樣沒錯，客人越多，不是收入越高嗎？其實這比較適用在消費性商品，例如銷售鋼筆，能夠銷售出 1 萬支筆，絕對比銷售出 9 千支筆好，但前提是，銷售這 1 萬支筆的收入真的要比銷售 9 千支筆大，如果說，銷售 1 萬支筆，在打折後，其實總進帳甚至比 9 千支筆正常價格銷售還低，那就要問，這樣的銷售划算嗎？至於應用在服務業或專業領域，不論是設計師、律師或任何個人諮詢。不僅牽涉到商品成本，更重要的還牽涉到人的時間成本，如果為了服務 100 個人，忙得沒日沒夜，但所得卻有限，甚至還得不到應有的職業尊敬，那與其如此，是否我們寧願服務 50 個識貨的人，賺取更高的報酬，也有更多時間陪家人？

一直以來，價值跟價格常被混淆。

對消費者來說，當然買東西最好是買到價值最高的，可是價格最低的。但世界上有這樣的東西嗎？最好一切都免費，然後你都拿的是最高檔的，若市場是這樣運作，還有任何人願意提供服務嗎？

然而，如何區分價值與價格？特別是許多的賣家根本是自貶身價，明明擁有高價值的服務，卻願意用最低價付出，這就是所謂的「破壞市場行情」，基本上這是損人不利己的事。

我和我先生的創業歷程，也是歷經一段轉折的挑戰。如果一個客戶來，要求要降價，你接是不接？接的話，那麼其他人也可以比照辦理，你事業怎麼做下去？如果不接，是否客戶就跑掉了，會不會我以後沒生意做？

害怕是一定的，但最終仍要勇敢做抉擇。採取決策的核心關鍵，還是你是否擁有真正高檔的品質。如果本身就是濫竽充數的服務品質，那麼也只好薄利多銷。但如果本身真的東西好，那你敢不敢挑戰，不要讓客戶選擇你，改由你來選擇客戶呢？

好比說，LV 需要降價到幾百元等級才能生存嗎？五星級飯店需要市場大拍賣才有人入住嗎？

當然，做出這樣的決策，堅持自己為了好品質，不降價，是需要承擔很大風險的。這中間過程，也經過許多次的溝通。

而我們本身，也透過上路守治老師的課，而學習到很多。

我事業成長，因為我服務得更好更專業

我跟路老師的緣分比較特別，我不僅是他的學生，我和他還是同一個扶輪社的社友。以時間上來看，我是先因緣際會在 BNI 認識路老師這位名師，後來去上了他的業務課。之後有機會都加入雙贏扶輪社，那年他還擔任扶輪社的社長。

在上路老師的課後，我們對於自我價值的認定，就更加明確了。其實最早的時候，我去考取證照，公司也從工程行變成室內裝修公司，這本身就是希望自身價值提升。

從前工程行時代，總是承接發包案，修廁所砌牆等等，辛苦的泥作，收取轉包後微薄的金額。但我們希望有一天做的是最上游的工作，由我們一條龍式的整間公司做服務。

轉型也是需要調適的。我們因為價值提升，因而提高價格。但如果因為客戶一個反應，說太貴了，要求降價，我們就退縮了，那一切就又打回原點。

我們不降價，相反地，我們誠心地跟客戶表示，我們單價可能

比較高（其實在市場上我們是屬於中價位），但是我們整體的服務，絕對讓你覺得更值得。因為我們的服務更全面，照顧更周全。

我們總跟客戶強調，這樣的服務，絕不是靠著比價或甚麼優惠可以衡量的，試想，今天你可能委託一家「比較便宜」的公司，他承接你的案子，接著呢？他會發包給不同的公司，各家公司品質良莠不齊，若發生狀況，你問承接公司，他可能也搞不清楚，還要另外轉一手再去問。而在施工過程中，也是各自為政，畢竟各自拿各自的錢，你我各不相干。於是有可能施工後的品質，泥作與木工不搭，或者有甚麼沒考慮周全的，甚至在施工過程中，因為發生不同狀況，又要修改，又要追加預算等等的，往往最後所花費的錢，反倒比直接跟我們合作還大。

我們收取合理的價錢，但整個專案我們可以一手掌控，我們自己有設計師，也有自己的施工團隊，所有溝通都很順暢，並且最重要的，我們看事情很全面，從一開頭，就是把這個案子當作「自己家」在處理，一開始就會條列出注意事項，任何的問題，也都可以預先想到，做了調和規劃，工班間也有一定默契。就算是若還是發生施工過程有額外的費用，基本上我們都選擇自行吸收。

一個把你的房子當成自己的家好好的規劃，跟只是想賺你的錢，把案子完工交差就好的單位，心態上，做法上都不同。這就是價值與價格的差別。

很感恩，這些年來，經過溝通，也透過我們在不同場合上的品牌宣傳，基本上，客戶也都能接受我們的專業，靠著口碑效應，我們的事業也真的蒸蒸日上。如果當初沒有堅持走尊重價值之路，那麼，我們只會落得每天辛苦忙碌，但收入只夠維持基本開銷，最終一定會影響品質。

很感恩，我們選擇正確的路，找出自己的價值，也很感恩，路

老師以及這領域各界前輩的指導。

楊嬿樺的業務經

· 價值的推廣，還有一個前提，那就是知名度。畢竟，如果你的品質很好，但沒有人知道，又一味的只賣高單價，那初期經營會有困難。以我們的做法，我和先生分工，我的先生專業領域就是各項工程，我則除了設計外，也負責經常參與社交活動，推廣人脈，包括參與 BNI 以及扶輪社等等；這些都有助於公司品牌的公眾推廣。

· 在每個領域我都與人為善，包括我後來離開珠寶產業來到工程裝修產業，我從前珠寶業任職時的朋友，至今都還是我的好朋友。

· 價值的一項核心，就是好的服務。商品的優良、合乎標準是基本要求，但如何在人與人間互動裡，提升與客戶間的價值感，這是很多企業常忽略的。這方面則是我從以前到現在都非常強調的——不只是「以客為尊」，並且要「真誠至上」。如果表面上行禮如儀，但表情卻顯示出這只是「工作要求被迫如此」，那就不是真正的「用心服務」。

· 價值不是永久的狀態，價值是需要 Update 的。
如果一項產品，十年前如此，現在仍是如此，那講好聽點是「始終如一」，講不好聽則是「墨守成規」、「沒有與時俱進」。基本上，以服務業來說，還是要時時提升自己，所以我也總是持續進修，學無止境，活到老學到老。

吳佰鴻教練講評

　　說起台灣的景氣，已經有很長一段時間都在低檔徘徊，所謂亞洲四小龍的榮景，已經是很久以前的事。

　　當景氣不好時，生意怎麼做？於是有人就會想到降價這件事。但降價真的就可以薄利多銷嗎？還是越降越沒價？

　　這其實也是台灣人很普遍的一種錯誤認知，一直都強調C/P值，只重視價格忽略價值。正確看法，如果賣一個東西，價錢比一般行情偏低，那就代表著東西品質只是普通，客戶不能要求要最高檔品質。

　　但消費者貪便宜的心態是，既要買到最優的東西又只肯付最低的價錢，如果長此以往，那就代表著「所有高品質的產品都被拉低價錢」，這樣環環相扣，一個產業被拉倒了，於是經濟更衰退，進而影響其他產業購買力，若每個產業都來削價競爭，整個市場將一起沉淪……消費者以為自己賺到了，實際上，整個國家經濟都垮了，甚至再沒人願意再生產好東西，最終損失的是全民。

　　所以只要堅信自己的產品好，那客人對價錢就不該斤斤計較。若客人還是不斷斤斤計較，那只有一句話：這個客人不是你的商品所屬的族群。

　　名牌包包，會因為大家殺價不然就威脅說不買，而讓幾萬元的產品降價到幾千元嗎？不可能。而名牌包包，也沒有因此就消聲匿跡，反倒大家搶著買，並且以擁有高品質的產品為傲。

　　當然，所謂高品質，就得真的是高品質，不是說我不降價就是高品質，以LV包包為例，它的車工、它的設計，

沒有話說，並且買了一個包包，就算幾年後有問題拿去維修，LV 任何一個分店，都能為你服務到好。這樣的全套服務品質，就是所謂的價值。

當有了品質與價值的概念，這時候就可以反思自己的事業模式。以嬿樺來說，她和先生的裝潢設計事業，有一定的品質，她不願意以降價的方式來爭取更多客戶，寧願打出品牌，讓高端客戶來找她，這是正確的策略。若不循此模式，就會變成工作多收入又低，長此以往將累壞身體，最後可能真的變成品質低落，原本該以價制量，變成以量制價，那生意就很難做下去了。

追求好品質，並且很重要的──堅信自己的品質。

就好比我們去醫院開刀，若論刀子，可能一把沒多少錢，開刀，也可能是小手術不花多少時間，所以要和醫師討價還價嗎？大家都不會如此，因為大家都知道去醫院開刀，重點是醫師的技術，那是無價的。

同理，創業做生意，要擁有無價的東西／技術。如此，就可以以合理的價位，收取符合自己價值的報酬。

相信客戶，也願意因為得到無價的東西／技術，而支付這樣合理的報酬。

業務心法

7

有錢業務傾聽顧客的心聲

貧窮業務容易相信顧客的藉口

推動教育大夢的
街舞祖師爺

譚誌裝

如果世間一切事都依照人們「現有」的想法，那這世界將永遠不會進步，畢竟，改變是讓人不習慣的，推翻舊有的生活模式更會被視為離經叛道，如果可能，最好一切都照舊，大家平平靜靜的過日子，那不是最好？

也因為改變是比較困難的，所以大部分人總是循規蹈矩的日復一日，當看到有人做出脫離常軌的舉動，總是不免會皺著眉頭，說那人標新立異、說那人興風作浪。直到越來越多人接受新的改變，乃至於自己若不跟著變就落伍了，才後知後覺的跟上；這就是社會進步的常態。

以業務的工作屬性來說，卻總是要面對改變。他可能要說服客戶，丟掉舊的品牌，改用他的；他可能要導引客戶拋棄舊的習慣，採用新的商業模式。光這樣就已經很有難度了，更何況，他可能要冒著和社會風氣、人們保守視野相牴觸的負面眼光，從無到有推展一個新觀念、新運動。

回首過往 20 多年，這件事真的很不容易，但我很感恩身邊許多貴人的支持協助，我做到了。我終於將台灣的街舞產業從無到有，並朝證照化普及化邁進。

我是終身業務人，我推廣的不是單一產品，我推廣的是一個夢想：讓不愛念書的孩子，也可以勇敢逐夢，擁抱自己的志向理念。

那個變壞的小孩

　　說起舞蹈，問問身邊的人們，他們心目中的舞蹈是甚麼？

　　相信大部分人腦海立刻浮現的，是各種年輕活躍身影，各種肢體動作帶來的青春律動，以及電影畫面上歡樂的四肢奔放。簡言之，人們第一印象，會是電視電影乃至於街頭上常看到的種種舞蹈，也就是街舞。

　　但 20 多年前，並不是這樣的。如今大家視為理所當的街舞，在當年的台灣並不存在。當年談起舞蹈，第一個聯想到的絕對是土風舞、民族舞，再無其他的了。

　　我出生於民國六〇年代，成長的時期算是台灣剛從戒嚴走向民主開放的階段，那時民風依然保守，莫說有人敢在街上跳舞，就連有人提著手提錄音機音量稍大些，都可能受到警察盤查關注。敢染髮、穿奇裝異服者，絕對被視為是不良少年，人們看見這樣的人，肯定會露出不屑表情，或者搖頭嘆息。

　　我本身原本也算是乖學生，家裡管教嚴格，國中時念的是 A 段班，是升學主義壓力下另一個循規蹈矩的小孩。我後來「變壞」了（依照大人們的眼光），因為有個機緣讓我接觸到音樂，觸動到內心深層的感動，國三時我整個生活變調了，非常沉迷那年代 Michael Jackson 以及 Janet Jackson 等國際紅星的動感舞步，從此我才知道甚麼叫做生命中有了目標，過往老師規定考試要滿分、要考上理想學校，那都只是應付長輩的目標，但直到遇到音樂遇上舞蹈，我才找到屬於自己的目標。

　　當年在全台灣，除了有些比較動感的藝人會跳霹靂舞，身邊周遭並沒有任何可以學習的對象，渴望那種律動感覺的我，只能去西門町自己買西洋歌手的 VHS 錄影帶來學著練。但當一個人有熱情

的時候，學習的力道是可怕的，我就是想方設法去學習，日常作息一有得閒就情不自禁的練起舞步，就算遭人側目也不在乎。

　　回想起來，那就是我儲備業務人特質的開始。一個好的業務人，要具備的一項特質就是臉皮要厚，不要害怕別人眼光，更不會害怕被拒絕。我就是因為練舞，因為要在眾人不認可的大環境氛圍下做自己想做的事，所以少年時期就已經培養起這種業務的特質。

　　當年那個「變壞」的小孩，後來當然沒有考上好高中，轉而去念一所相對來說風評不好的工專，並且就算在這學生素質比較差的環境，我依然成績吊車尾，最終還因成績太差、翹課太多被退學。

　　時移事往，如今的我，已經年過 40，有了自己的事業，捫心自問，也對社會做了不少貢獻。現在我更加確信，「讀書考試」不見得一定是人生最佳的道路選擇，有的人就是天生不愛念書，也不該被視為「沒前途的人」。為何一個人不能讓自己的天賦發揮在舞蹈、影視等領域呢？曾經我是大人眼中的壞小孩，但走過生命的歷程，我覺得我的人生多采多姿、精彩燦爛，絕對不輸給中規中矩一路攀升的「正常」社會人。

　　如果當年的我，內心有一絲絲動搖，放棄了舞蹈夢，那我的人生就會被改寫成平凡無趣的版本，甚至不誇張地說，台灣的街舞史，可能也要重寫。

　　接下來，我就繼續來說說，我是如何讓街舞拓展成一個事業，甚至是一個產業。

當街舞爆紅成一種趨勢

　　一件事情要普及化，不能夠只是一種流行、一種樂趣，還必須讓參與者有進階的發展；換個說法，就是要讓在這領域變成專家的

人「有口飯吃」，不一定追求大富大貴，但至少可以有收入進來，讓夢想繼續延續。

民國八〇年代的台灣，還不具備這樣的條件。但至少街舞這件事，不再那麼讓人感到驚世駭俗。甚至，也有像可口可樂這樣的國際企業，辦起了舞蹈大賽。但在民間，街舞仍是各自為政式的年輕人散發精力的運動而已。

我的街舞，從個人興趣逐步轉成對眾人的服務，始於我專一的時候，當我還是新鮮人時，就被土風舞社長邀請加入社團，土風舞不是我的興趣，但當年並沒有熱舞社這種選項。然而，當我加入社團後，才發現原來社長也和我一樣對推動街舞有熱情，於是從專一開始，我和社長兩人合作，為爭取土風舞社轉型為熱舞社努力。而在專一下學期，更發生了改變我生涯的大事，那年我們以 VRS（病毒）為隊名，組隊參加可口可樂第二屆全國舞蹈大賽，一戰成名。

當年我們比賽得到第三名，別小看「只是」第三名喔！前兩名都是社會組的人士，我們這組卻都是尚未成年的青少年。在那個沒有網路的時代，電視是主要的媒體，也是民眾們主要接收流行資訊的管道。記得當年的評審包含杜德偉、郭富城等大明星。而我們這組在決賽以黑馬之姿竄起，一下子炒起街舞的熱潮，幾乎立刻就讓全台灣各大城市處處有街舞，像台北的中正紀念堂，也從那時開始，變成青年們練舞的殿堂，直到現在都是如此。

憑著一股熱情，當年的我雖然還不懂甚麼叫做業務，畢竟我還是學生。但我其實已經是個不折不扣的業務，並且是最富挑戰性的業務。我要賣的東西，甚至無法為自己帶來獲利，只是為了想讓更多人知道街舞這種運動。當時的做法，就是在路邊，反正跳給路人看就對了，根本沒有害羞膽怯這回事，就是不管他人的指指點點，將熱情專注在跳舞上。

而街舞也在當時開始變成一種產業了，具體的事證，就是有人願意付錢來取得街舞這項「專業」。我們後來也還上過幾次電視，算是有小小知名度，從專二開始，我就已有能力接案教課，不誇張的說，現在大台北地區幾所名校的熱舞社當年的興起，我不敢說自己就是祖師爺，但我絕對在這些熱舞社創社時帶來一定影響力，包括成功高中、台灣大學這類頂尖學府，當年都是委由我來教舞。

　　然而我有自知之明，我雖然可以教導學生們基本的舞步，但我自己本身卻也只是自學出身，沒有正統的底子。一當有機會，我自己也要抓緊可以學習正宗街舞的機會。

　　但學舞要錢，我當時還是學生，學雜費也要錢。教舞當時只是打工接案性質，收的也只是微薄的車馬費。才十幾歲的我，必須設法自力更生，這是我人生第一次，必須靠業務力來謀生。

開始讓街舞發光發熱

　　回顧我的青春時期，我最專長的事第一當然是跳舞，但我還有一項專長，就是擺攤做銷售。這可不是我自吹自擂，證據就是：我當時做銷售，做到被媒體專訪，我所創下的銷售紀錄至今仍在當地被津津樂道。

　　我的擺攤，分兩個階段，這裡先講第一階段。

　　我的第一階段擺攤經歷，是我在學生時代為了賺取收入，算是一種打工。那時是冬天，我在台北市公館的水源市場前擺攤，賣的是圍巾手套耳罩等保暖物件。我當時做的事，相信時下一般年輕人不敢做，其實也就是當街跳舞，我會在生意比較清淡的時候，就在攤位旁跳起街舞，自然而然的就有人潮靠近來，於是我就立刻從舞者轉換為攤位主人身分，吆喝起買賣的話術。就這樣，我的生意做得還不賴。而我那時候還只是個高中生呢！靠著存下來的錢，我除

了付學雜費外，都拿來做自我進修。

　　那年代並沒有辦法上正規的街舞課，因為根本台灣尚無這樣的體系。有個機緣我知曉當紅樂團 TOKYO D 在忠孝東路有個舞蹈教室，我這個才十幾歲的學生，就自己找上門去，厚著臉皮拜訪團長，我跟他說，我真的很想學專業的街舞，請你們教我，我願意幫你們做打掃打雜等工作，不支報酬，只願學舞。就這樣我正式拜師，至今我仍深深感念他們的教舞恩澤，終身我稱呼 TOKYO D 是我的老闆。

　　我在那邊打雜邊學習，過了一年左右，我就被升任為店長。以傳統術語來說，就是我「出師」了，有資格真正以此為業（相較來說，之前像是去學校教導熱舞社等，都只是玩票打工性質）。也從那年開始，我的主業是街舞，副業才是學業。所謂專業，的確日本人在這演藝這領域，是比較有系統制度的，我學習了這套專業模式後，可以獨當一面的做各類商演；具體來說，包括組團去尾牙等場合表演，這是簡單的案子，更進階的，包括幫藝人伴舞，以及附帶編舞，當年剛開始竄紅的周杰倫老師，我就曾幫他編舞。而也可以說由這時候開始，台灣真正知道，街舞這件事如何變成「職業化」，主要分成兩大系統，我兩大系統都算是台灣首創者，一個就是開街舞教室，一個是在演藝圈做專案服務。所有歌手都需要我們這樣的專業人才編舞以及協助拍 MV，未滿 20 歲的我，當時靠著提供專業的街舞服務，已經月入 10 幾 20 萬。之後還幾次創業，從 20 歲到 30 歲這些年間，我的事業發展史，也等同是台灣街舞產業發展史。

人生沉潛期的業務訓練

時間來到 2006 年，那是我人生的一段沉潛期。之前跳了十多年的舞，也在台灣讓這產業遍地開花了。那一年我覺得，我必須讓自己暫停一下，我覺得也許暫時跳脫出舞蹈界，可以帶來新的思維。這一離開，就是五年。

是的，似乎忽然間，那個街舞傳奇人物，在業界銷聲匿跡了。我沒有到深山隱居，我其實轉換生涯跑道，從零開始積極去學習各類心靈成長、潛能開發、心理諮商等課程，初始是為了瞭解自己內心的聲音，後來我也真的成為這領域的專家，我拿到證照，也成為專業的心理諮商師，也真正有三年期間，以此為業。

同時間，我仍學習不輟，去上了口才表達、公眾演說等課程，之後又上了財商、行銷等課程，事實上，直到今天，我仍一邊持續上課學習，一邊我也自己創立學院。

在當了 3 年心理諮商師後，接著進入我人生第二階段的擺攤期。可以說，當時的我並不缺錢，實際上，我擺攤是做為人生功課的一部分，我想要用兩年時間證明，我是有能力在銷售領域取得一番成績的。

就這樣，我又轉換職涯，也是從零開始，也就是從跑給警察追開始，在士林夜市擺地攤。我賣的是項鍊耳環墜飾等手工精品。一開始我的攤位是在大南路口夜市最偏遠的地方，我告訴自己，我的重點不是銷售這些商品，我要打出品牌，我要銷售的是我自己。

我不斷打造口碑，每天業績不斷成長。在初始業績尚未飛揚前，我每天給自己設定目標，如果當天業績沒達標，我就算賣到半夜也不收攤。

短短 3 個月，我的攤位持續往夜市中段移，代表著我的收入越來越高，有能力負擔更貴的攤位。到後來，我的攤位已經成為士林

夜市名攤，在我擺攤期間，有長達半年以上時間，我月月都蟬聯銷售業績王。乃至於後來媒體紛紛來做報導，也因為這樣，我的業績更是長紅。

分析我擺攤成功的祕訣，其實就是我做出我的「專業特色」，我過往學心理諮商，了解客戶真正要的是甚麼，我不害怕被拒絕，我有自信，我的商品能為客戶創造價值。我的攤位取名亞買加，是攤車的形式，這攤車可一點都不馬虎，我用心妝點我的攤車，上面棚子有著楓葉，還有一個樹幹型的支架，車面則是鋪著碎碎的黑晶石，我的吊飾戒指等，分別擺在這些造型旁，有著很明顯的吸睛效果。

但這只是視覺效果，我的攤位更重要的特色，是我強調我的商品獨一無二，因為我都是親自去國外蒐羅到的手工精品，每件最多只帶 3 件回來，我告訴客戶，這些商品你買到絕不會和其他人撞貨，若有發生，我二話不說保證退貨。除此之外，我還提供售後服務保證，只要是在我這邊買的商品，都可以隨時拿回來我幫他免費做清潔保養，更且我的另一個附加服務，就是凡購買金額滿 3000 元以上，我還會提供一次免費塔羅牌諮詢。

就是這樣，我的牙買加精品首飾成為士林夜市名攤，屢屢被報導。過了一年，我轉移陣地，當時我已有能力在台北東區租下自己的一樓店面，同樣命名為牙買加，但我的店賣的東西更廣，包含各式各樣女性的飾品，真正變成精品店。同樣的，我的店經營得很成功。但就在一年後，我結束營業。不是業績不好，而是我覺得，我設定的目標已經達到，當年我開始擺攤，本來就不是了賺錢，而是為了體驗業務實戰，挑戰自己是否能達標，同時也想廣泛的和人群接觸，為日後的事業建立基礎。

兩年下來，我肯定我自己做得很好。既然賣飾品並非我人生的真正志趣，只是我人生學習的歷程，現在，我算是已經在人海中歷

練過這幾年了，終於，我要再次回到我的主戰場。現在的我，已經脫胎換骨，將以全新的自己，再次投入街舞事業，並且這回，我要將街舞發展成教育事業。

我的教育志業

現在，重新投入街舞事業的我，真正進入另一個生命境界，我的志向，是教育莘莘學子，有個不一樣的職涯。

說起教育，可以說我是用自身的經歷當做範例，我用 20 多年歲月來見證，就算不走正規的讀書考試之路，也可以成就出一個對社會有貢獻的人。我知道這社會上有很多的孩子，就像我當年一般，本來就非讀書的料，如果硬要被綁在沒興趣的校園，在因為課業成績不佳遭受鄙視的環境下成長，如此只能培養出一個身心受創甚至反社會傾向人格者，這對社會不一定有好處。

如果一個孩子聽到的是另一種召喚，他覺得舞蹈演藝之路適合他，那為何不能也讓這樣的孩子被扶持，被引領，被帶往同樣發光發熱之路呢？

就在這樣的理念下，我開始打造我的教育大夢。

一步一腳印，我先從創造職業工會開始，我覺得我的夢想不適合台灣教育部的那套，我改走的是勞工領域這條路，我積極推廣專業表演藝術類證照。

並且我這個證照，不是要求學生來課堂過水一下，就可輕鬆取得。事實上，我創造的體系，比起在台灣一般專科以上相對較鬆散的學習氛圍，我卻是採取更嚴格甚至軍事化教育。我要用事實證明，從我這裡取得證照的學生，不只是真正擁有術科專業，並且他還是個全能的社會人。

怎麼說全能呢？我要求我的學生們，將來入社會，不只是會舞

蹈或導演等專業，他還要懂得如何行銷自己，如何面對人群。我要他們，既有本事可以用專業教導人家，也要有本事，吸引大家來找他們，要有本事創立自己的事業，包括各項申請補助、宣導課程、建立團隊、媒體宣傳等等，都不要依賴別人，從我這裡畢業的學生，都要有本事獨當一面，不只謀自己的生計，也成為社會上一個頂天立地的棟樑。

這不是理念夢想，是我實際已經落實且不斷成長中的實業。

寫到此，讀者們就知道，為何我過往以來，經常逸出舞蹈圈，好像不務正業似的，學這學那，去當心理諮商師，還去擺攤及開店面。如今，當年的經驗都可以化為新的養分，滋養街舞這個園地。我把身心靈成長、潛能開發、財富管理課程等等，都融入教育體系裡，並且不是選修，都是必修。

而所謂證照課，當然也不是自我陶醉式的自己頒獎表揚自己。這些年來，我南北奔走，真正朝建教合作方向努力，已經實際上達到具體成果，簡單說，我可以保證，到我這裡學習的學生們，畢業出來後，保證可以升學到台灣藝術大學及國立體育大學，我的學生結合高中以及大學，我從高中階段培養種子，然後他們取得證照後保證可以念大學。

這類的產學合作，在國外有很多成功例子，在台灣則技職教育較不普及，但過往以來像是美容美髮科、汽車修理科等，也都盛行建教合作。而我如今只是將包含街舞、演藝、電影、網紅等主項科目，做另一種形式結合證照以及保證升學取得大學文憑的模式來經營。

最終，就是要打造另一條路，讓那些原本不擅長考試升學這條道路者，有另一個人生選項。

在我在這裡學習的孩子，有一項學習項目，可能聽起來最和街

舞及藝術等無關的，就是財富管理，乃至於我也要教導學生們懂得如何行銷自己。講直接點，就是在我們這裡的學生，不只是街舞專業，也要是業務專業。這也是我親身的經歷，我自己就曾暫時跳脫街舞投身業務工作，另外我也積極進修各種商業課程。而在過往學習歷程中，特別要感恩介紹的是路守治老師，他給我很多正統的業務觀念，讓我對業務有更清晰的脈絡，包括過往以來我自己擺過地攤，也成為業績王，卻無法理出一個清楚的道理傳授給學子，但我在上過路老師的課後就有種醍醐灌頂的感覺，讓我真正找到結合街舞藝術和業務實戰的切入點，在實務上，我也邀請路老師成為我證照課程的主力師資之一，這讓我的學生們，不只是舞台上亮眼的舞者，也會是把自己人生過得富足精彩的人。

這件事已經成真，但我如今要做的事，是持續擴展這個事業，我要讓這個台灣唯一擁有表演藝術證照頒發資格的教育體系，開枝散葉，在全省各地都建立據點。

這個夢想仍在進行中，我是個業務人，我會持續努力，扮演好業務推廣角色，化不可能為可能。

舞蹈出人生的精采，我的藝名叫做 KAZU，是當年我的老闆 TOKYO D 幫我取的。字義是「獨一無二」者。

我相信我是獨一無二者，如果你願意相信，我想你也可以是獨一無二的人。

不是嗎？

業務，就從銷售自己的夢想開始。

譚誌裴的業務經

· 甚麼是業務？人人都是業務，特別是當你必須推廣的是你獨特的想法，你想要宣揚的特別理念，甚至是前所未見，你必須挑戰人們想像空間的全新觀念，那樣的你，就是在做業務。並且你是個超級業務員。

· 如果是一個超越客戶想像的事物觀念，那你想，客戶怎會輕易同意你呢？這時候客戶對你提出的想法，肯定是反對的。如果一切都依照客戶說的，那甚麼生意都不用做了，因為大部分客戶總會拒絕新事物，他們總會找出各種藉口來反對你，這時候，你若因此放棄，那就不需做業務了。

· 真正的業務，是他可以發現真正對客戶好的事物。

我知道街舞其實一旦普及人們就會感受到那種律動，所以我不畏眾人眼光，勇敢推廣街舞。我知道擺地攤若一味只是特惠求售，表面上看似討好客戶，實際上卻是失去自我主張，還不如抓住客戶其他的心聲，願意為客戶提供獨一無二的服務，這樣就算定價高一點，客戶也依然可以接受。

· 最終，業務是個終身成長的事業，你必須持續進修，提升自己，也總是設想你可以為這個社會，也同時就是為所有的客戶做些甚麼，這樣，你的業務境界提升，事業也跟著提升。

吳佰鴻教練講評

建議年輕的朋友，可以多跟 KAZU 學習，這篇文章最讓我感動的地方，就是 KAZU 用為社會付出的心態，取代爭取業績的心態，結果反倒讓他後來不論做甚麼都成功，街舞成功推廣，連擺攤也蟬連冠軍。

本篇有一個部分很有意思，就是 KAZU 講述他在夜市擺攤的經歷。這也是一般讀者較少看到有書本描述的行業。KAZU 在打工時期，就透過在公館擺攤，學習到寶貴的人生經歷。

一般人對這行業有著偏見，覺得好像這是個比較本土比較 Low 的行業，實際上，我認識很多的名人，小時候也有擺攤經驗，這其實另一種業務銷售學習。商品表面上看起來是攤位上的東西，實際上賣的是「自己」，一個年輕人如果趁年輕可以親自體會，藉由擺攤勇敢跟陌生人接觸，勇敢對著人群吆喝出行銷口號，往往這樣的人，日後碰到甚麼事，都比較有膽識。

更讓我感動的，KAZU 真的是為了學習而擺攤，包括他在那之前做過心理諮商師也一樣，每件事都是「見好就收」，因為他設定這些都只是他學習的一部分，並且說是學習，他做一行像一行，就把那件事做到極致。

最終 KAZU 的主力，就是在街舞推廣。本書的主題是業務，對 KAZU 來說，他的業務主項，可以說是街舞，但更可以說他在推廣一個感人的事業，他要讓全天下小時候不愛念書但熱愛跳舞的孩子，能夠找到一條新路，看到 KAZU 從少年時代開始投入街舞，到最終成立自己的教育體系，那過程真的令我很感動。

　　從他做攤商開始，我可以看到 KAZU 為了創造自己的
特色，包括邊擺攤邊跳街舞，包括幫人算塔羅牌，他使盡
全力，來為業務加分。可想而知，憑著這樣的精神，做哪
一行都可以成功，所以一點也不意外的，後來 KAZU 重新
回到街舞事業，可以打造出台灣第一個表演藝術證照。

　　對於年輕人來說，本篇真的是很好的啟迪。以業務理
念來說，就是告訴讀者們，內心有熱情，跟客戶產生連結
度，客戶就會買單。

　　不要害怕被拒絕，心境積極最是重要。

業務心法

8

有錢業務控制情緒
時常保持巔峰狀態

貧窮客戶無法掌控
自己的情緒容易低
潮

成功，
要在媽媽白頭前

王張霖

　　那一天，我一如往常的和家人吃飯，媽媽煮的飯，數十年如一日，是我習慣的口味。也如同既往的，我偶爾會在菜盤裡，看到媽媽揮汗下廚時掉落的髮絲，我總是順手用筷子夾掉就好。

　　但那一次我感覺不一樣了，因為，頭髮的顏色不一樣了。其實，這已不是新鮮事，我原本就知道媽媽年紀大，頭髮大半都已灰白，只不過我的「眼睛」看到了，「心」卻沒看到，直到那天，我用筷子一夾，夾到一根銀絲，內心裡像觸電般，讓我有種覺醒。

　　我突然想起一件事，那就是母親正快速變老，當時的她已經即將 70 歲。當下我愣在那裡，每個人都想追求成功，但如果成功的速度，追不上父母老化的速度呢？也就是說，當一個人好不容易成功了，想要好好的孝敬父母一番，但父母若已經不在……這念頭如此的震懾著我，彷彿過往聽過許多次江蕙那首歌〈落雨聲〉，當時總是聽而不覺，現在卻發現，許多事都迫在眉梢。

行銷，就是人的倍增影響力

最重要的是時間，對我來說，業務從來都不是技術問題，而是效率問題。而甚麼是效率？對年輕人來說，用最短的時間賺最多錢就是效率。

或許是個性使然，我從學生時代，就已經知道，我將來的生涯，不會是坐辦公室的那種。當然，那時候我也還不懂業務，只知道，我比較偏向喜歡「與人群互動」的工作。

大學念的是環工系，對我來說，念大學主要目的是學習通識教育以及交朋友，倒不是真的想投入環工這領域。實務上，後來環工還真的變成現代的顯學，但我在讀書那年，人家一聽我念環境工程，還笑問，這個系出來要做甚麼？是要去收垃圾嗎？

我沒有在校培養出對環工事業的基礎，倒是因緣際會，培養了另一個事業基礎，那就是音樂事業。從小我就對音樂有興趣，甚麼樂器，摸個幾次就熟，天生懂音律，我也會創作歌曲。

人家說大學可以讓你玩四年，我想玩音樂，但當時那所學校沒有這方面的社團。沒有那怎麼辦？於是我就自己創立一個，我是弘光科技大學熱音社的創辦人，幾年下來，也造就了不少音樂人。對我來說，創立社團，其實也是我的業務早慧表現，這個社團從無到有，要建立組織、打造知名度，還要招募新人、管理社務，之後還要辦活動，這中間牽涉到活動廣宣，許多的環節，都需要與人接觸，其中，就有很多業務的學問。

無論如何，學生時期，我就知道，如果一個人要活得精采，要賺錢賺比較多，那麼，就必須讓自己「活躍」起來，要接觸許多人，才能創造生活更多的可能。只不過我是理工科系的，並沒有商學基礎，也沒人教我業務。

即便沒有人教我業務，透過一些書籍閱讀，我還是有些基本的

銷售概念，那個時候，我自己就有種感覺，所謂業務，包括如何拓展人脈，如何宣傳產品（包括宣傳演唱會活動），那都是要依賴「人的傳遞」；所謂成功的行銷，就是把「人力發揮到最大值」，這就是我認知的倍增行銷學。

這在我往後的生涯裡，也經常用到。

我 的 音 樂 生 涯

在學校，我玩我的音樂，並且熱愛與人分享，如何做呢？就是透過人力資源，組社團以及辦活動都是發揮人力的綜效。

而音樂不只是我的興趣，憑我的專業，我後來也將這變成我職涯的一部分。我想我是幸福的，許多人的人生，工作與興趣是兩件事，興趣只有休閒時間才可以做，但我卻可以將興趣與工作結合。

一開始，我也做過「正常」的工作，我在運動器材店做銷售，那其實也是上班族的性質，只不過含有很重的業務成分，我後來擔任到副店長。那段經歷可以說是剛畢業後試著了解社會運作的歷程，我除了親自體驗甚麼叫上班族，也因為店務每天可以接觸各式各樣的客人。但運動其實不是我喜愛的項目，一年後，我還是決定朝音樂方向發展，我開始擔任音樂教師。

擔任老師，屬於半 SOHO 半上班性質，因為我是隸屬某個音樂機構，但工作的承接量要看自己的實力。很快地，我就發現，這樣的工作，雖然符合我的興趣，但不符合「效率」。雖說音樂老師聽起來很優雅，很有文化深度，但究其實，這還是另一種勞工，也就是說，工作多少時間，付出多少勞力（包含腦力與雙手勞力），才能獲得固定的報酬。

怎樣才能既兼顧音樂，又可以較有效率的工作呢？那就是要結合業務。好在我本身在音樂領域耕耘多年，本身也有組樂團，甚至

出過專輯，在某些領域裡也算有點小名氣，我的團體是重金屬搖滾，每年春吶及各類海洋音樂祭，也經常受邀表演。這樣的身分，讓我有機會認識許多音樂領域的企業。也就是因為這樣，我接觸到了一個音樂工作室，該工作室願意讓我參與，成為公司合夥人，而我負責的部分，就是業務工作。

這個工作到現在都仍在持續著，只是佔我的工作時間比重變少了。

其實這工作，帶給我的收入不多，頂多就是上班族的水平，畢竟，音樂工作室市場有限，這是只針對小眾的專業人士才能提供的服務。說起來，這些年，這個工作室也承接了不少案子，許多都跟一般民眾息息相關，好比說，人人耳熟能詳的 7-11 Open 將配樂，再好比說知名的行腳節目草地狀元的配音等等，其他包含公領域的大型活動如花博，還有各類偶像劇、微電影的配音等。我會持續開發各類需要錄音的業務。同時間，我也繼續以樂團團長的身分，持續音樂方面的演出。

接觸傳統觀念裡經常被排斥的產業

那時我已經 30 歲了，但我的人生，除了玩音樂這件事比較酷外，我的收入並不比上班族多，我不想過上班族生活，但我在業務領域也沒闖出甚麼名堂。

大約 2016 年的時候，有一天我在家裡看電視，我記得很清楚，當天看的節目叫做《陰屍路》，因為我被我朋友消遣了。

那是個老朋友，但在那年我跟他因為彼此生活環境不同，已經較少聯絡了，所以一接到他電話，我有點意外，他約我在外頭見面，我也立刻答應了。一見面他問我在做甚麼？我說我在看《陰屍路》，我朋友就說：「請問看《陰屍路》可以幫你賺錢嗎？」

　　我當下的回答，當然是人總要有休閒吧！但我也感覺到我朋友，其實另外有話想說，果然，他說要介紹我認識一個事業。聰明的我，當下就直接聯想到做傳直銷，也瞬間內心有了排斥。只不過對方是我老朋友，我後來還是去參觀他說的那個俱樂部，之後也正式加入了，並且改變我的人生。

　　事後想想，為何我當初會有那樣的反應，據我所知，這也是許多人一聽到傳直銷會立刻有的反應。為什麼？明明是好東西，為何大家初次聽到都那麼反感？我後來也真的花時間去思考這問題，翻閱史料，查到的答案，原來過往時代，的確有很長一陣子，那時候「業務」的意思就等同於「強迫推銷」，那年代沒有像路守治這樣的優秀老師，導正業務觀念，所以在台灣早期，業務員就是「推銷員」，和這件事聯想在一起的行業，特別是保險業以及直銷業，最會被貼上強迫推銷的標籤，就中傳直銷更還被貼上「老鼠會」標籤，對許多人來說，傳直銷等同於詐騙。

　　然而我也好奇，人們為何總是要抓住事物負面的那一面，而對正面視而不見呢？以傳直銷來說，最直接的事蹟，事實上這樣的事蹟多不可勝數，那就是有許多的人，真得靠從事這行，從原本的一文不名，變成百萬富翁，甚至千萬富翁。

　　對我來說，這件事非常重要，因為，能夠快速賺錢，才能快速改變人生。

　　特別的是，我當時加入的那個傳直銷（現在我也仍是其中成員），銷售的商品，不同於大部分傳直銷喜歡賣瓶瓶罐罐的，這家銷售的主題是旅遊。而旅遊也是我人生另一個喜好，我的人生願望之一就是帶家人去環遊世界。

　　所以這又是結合生意與興趣的好事業。

友誼常在吾心

當然，讓我進一步覺得，趕快賺錢很重要的背景因素，就是我體悟到媽媽年紀越來越長，我希望早點賺大錢讓媽媽過好生活。

動力是很重要的，我後來上路守治老師的課，他也強調這一點。如果我只想賺大錢，那麼後來錢沒賺那麼多，反正只要自認馬馬虎虎還過得去就好。但現在不同了，我希望讓媽媽過好日子，而歲月不饒人，我算一算，媽媽當時 68 歲，就算以現代台灣人的壽命平均值約 80 歲來看，那也真的沒剩多少年我可以孝敬她。

我曾經認真思考過，我到底為什麼工作？生活的目的是為了甚麼？不正是為了家人嗎？如果我的人生少了家人，那將會多麼空洞？

於是為了更美好的將來，我跳脫過往邊玩音樂邊求溫飽的模式，這回我要積極開創財富了。並且我很認同，後來去上課時路老師所說的：「所謂財富，不是只有賺很多錢才叫財富，如果一個大企業家，賺的錢幾輩子都用不完，但他卻沒了自己的時間，那麼失去自由，就不算是擁有財富。」路老師說的財富境界，是要以自由來衡量，包括時間自由，心靈也要自由。

就這樣，從 2016 年開始，我拓展了我的生涯境界，很關鍵的一件事，這也是路老師上課強調的，在甚麼環境就會遇見怎樣的人。對我來說，進入那家傳直銷俱樂部，除了讓我有機會可以靠實力增加收入外，更重要的一點，是在那裏我認識不同「境界」的人，包括身家數十億的醫師、迪化街地主、大企業股東等等，但在這裡我不是說要用錢的多寡，衡量一個人是否成功，而是我認識的這些人，也真的談話格局都不同。首先，這些人中，許多都是一輩子不愁吃穿，錢對他們來說不是問題，他們參與真的是為了興趣，他們喜歡旅遊，同時也熱愛結交其他成功的朋友，因為有幸認識他們。改變

了我兩件事：

第一、或許他們看出我這個年輕人，很有企圖心，很想有一番成就。所以他們不計較我和他們比只是個無名小卒，願意讓我加入他們的談話學習，最終還邀我共同參與生醫科技事業。

第二、這群人也都非常熱愛學習，經常去各處上課，他們會推薦好的老師，就是在那一年，我第一次聽到路守治老師的名字，也知道他是備受肯定的大師。就在前輩企業家引薦下，我終於開始去聽路守治老師的課，也獲得影響我終身的重要業務智慧。

跟這群人在一起真的改變我的視野格局，如同路老師也說過，我們跟甚麼樣的人交流，就會變成怎樣的人。現在的我，經常跟企業家們往來，個人的收入也提升許多，當然，這不代表我喜新厭舊，人生有很多階段。

我還是熱愛音樂，我還是跟音樂圈的朋友相熟，對待他們我也絕不會改變誠意，就好像在我人生更早階段，我有一群國高中的好朋友，我也都沒斷了聯繫。只不過，我大部分時候跟企業家在一起，雖然分配給老友的時間比較少，但這是因為彼此的生活環境不同了，友誼仍然常在吾心。

提升自己扮演的角色

對現在的我來說，我的主力仍是業務，包括邀請朋友來俱樂部（也就是傳直銷），包括生醫科技這邊我也擔任業務角色，還有音樂工作室那邊我也仍是業務。但我的心境已經調整，與其說是業務工作，我覺得對我來說已經是事業經營。而事業經營的另一個角度，就是我想用更有效率的方式理財。特別是我除了在路守治老師那邊上「銷售陸戰隊」的課，我還上了「財務戰士」增進財商，也上了各種房地產投資理財的課。

這些課都讓我大開視野，畢竟，我過往雖然也努力工作，但我本身也非常喜歡各種人生享受，對於理財並沒那麼節制。

現在我日夜接觸的不僅僅是成功企業家，他們也都是成功的理財專家，我才知道，就算再會賺錢，若不懂理財，那麼人生依舊是沒效率。

所以現在我參與的生醫科技，我不是領薪水的工作人員，也不只是靠業績抽成的專案業務，而是以事業經營者的角色，有了更深度的參與。對於各項財務規劃，也在路守治老師的指導下，培養了更高的財商知識，這些都有助於我打造成功的人生。

而這樣的我，也非常希望將正面的觀念影響身邊的人。

首先我當然最關心自己的家人，我希望有能力讓他們過更好的生活。然後對於我的朋友們，我能幫忙多少，就希望盡量幫忙。

曾經，我也想邀請音樂工作室的朋友，一起加入我的事業，但他尚沒那麼容易接受，我很替他擔心，也曾跟他說，你都已經年過40了，要做音樂可以做一輩子嗎？也該想法子事業化經營吧！我朋友表面應承，實務上仍沒具體行動。他的工作模式日夜顛倒，生活中也有些不良習慣，就在我仍替他擔憂時，某天，突然傳出，他雙腳麻掉了，那時他住樓上，又沒電梯，還得爬下樓梯叫救護車。這回事件後，他仍沒做好身體保養，雖然工作暫停，搬回老家，但沒多久，就聽聞他半身麻痺，小中風的情況。

我要對他以及所有仍汲汲營營為生活奔忙的朋友，做衷心地建議。請仔細思考生命的意義是甚麼？賺錢重要，但賺了錢失去一切值得嗎？如果錢那麼重要，那麼是否更需要用更有效率，更前瞻的眼光去看待賺錢這件事呢？

也許透過正確理財，可以讓我們擁有更多的自由，這樣的生活方式你曾想過嗎？若有想過，為何人生仍沒做改變呢？是否因為，想歸想，但每天仍落入傳統的思維窠臼，反正每天就早起上班，工

作一整天,每天就是吃喝拉撒睡,人生也是一連串的吃喝拉撒睡。

生命真的是這樣嗎?

也因此,我將來的另一個願望,是希望透過講座的方式,分享正確的理財以及生命格局思維。

就如同路老師常常告訴我們的另一句重要銷售名言:

「成交,一切都是為了愛。」

希冀用愛讓業務到達另一個境界,也希冀人們都能過財富自由的幸福人生。

王 張 霖 的 業 務 經

· 人際關係是業務的基礎,你跟怎樣的人在一起,就形塑你怎樣的人生。

· 改變思維,改變人生。以業務來說,一般業務想法:我賣你東西,就是賣東西。但是我現在做業務的觀念,我的業務就是與你分享,我的分享是因為愛。

· 三流的業務賣產品;二流的業務賣價格;一流的業務賣夢想、賣自己。最終,產品就是要創造自己的價值。

· 銷售的最終,以及人生經營各種事業的最終,還是要過好生活。這個好生活包含財富自由、時間自由以及心靈自由。

· 如果可能,大家應該都想想自己現在的財務結構,是上班領薪水的結構,是業務員抽成的結構,還是事業經營的結構。

吳佰鴻教練講評

投資理財真的很重要，許多人很會賺錢，但最終退休時，卻又面臨生活費不夠的窘境，那就是因為只靠賺錢，不懂理財，終究是一場空。

本篇主人翁，能夠看清這個道理，透過投資理財，成就自己財務藍圖，值得效法。

但關於本篇，我想要說的重點是：成功的動力。這是王張霖給我的感觸。

人要追求成功，要有一定的動力，有人目標設立是想要成為千萬富翁，有人是想要環遊世界。

有些動力很強大，有些動力就比較薄弱。

就我印象所知，我所認識許多的成功人士，他們的成功動力，就是家人。如同王張霖一樣，把家人作為動力，會刺激務必成功的決心。

想想，父母把我們栽培長大，恩澤無可回報。他辛辛苦苦養育我們長大，到頭來我們只為五斗米折腰，每月只賺勉強餬口的薪水，照顧自己都不夠了，更別說要回饋父母。

倒不是說父母要求你回報，但身為人子女，當你在社會奮鬥時，父母正一天天年老，當你說拚到一定成績時，可能父母已經不在人世；或者父母已年老體衰，連你要請他吃好的或出國旅遊，他們也無法享用了。所以孝順是有「時效性」的，為了要讓父母幸福，這就是很大的工作動力。

想想看，每到過年，若以往都是包個 2000 元紅包，這年開始，你可以包 5 萬元的大紅包了，父母會不會很高興？

他們高興不是因為他們缺錢，而是高興：「這孩子啊！可以包給我這麼多錢，那代表他過得很好，那我就心安了。」

這是不是很大的動力？

本文主人翁，也談到一些業務觀念。例如三流業務賣產品、二流業務賣價格、一流業務賣夢想。總之，就是要創造自己的價值。

而在業務拓展之餘，就像自己父母年紀越來越大，你自己也是逐漸年長，歲月不饒人，所以很多事，年輕就要做好規劃，包含自我進修，提升業務能力，包含做好理財規劃，讓老後無虞，這都是很重要的。

業務心法

9

有錢業務熱愛處理顧客的異議

貧窮業務視異議為障礙

年輕創業，
要從教訓中成長

耿咪

曾經，我以為若要達到基本的成功，重點就是要努力。

但儘管我很努力了，但結果不一定是我要的。

後來，我以為要想獲得高成就，關鍵就是厚植實力，

但卻發現就算我有好的實力，仍不代表我會成功。

直到和老師上課學習，我才發現，

我漏了一個很重要的元素──時間。

任何的規劃考量與執行，若時間不對，

包括選錯時間、時間運用沒效率，

或者不懂得做好時間管理，

那麼不論有多好的基礎，結果都仍可能是錯的。

貿易公司的小小美工設計

　　我算是很打拼的人，因為待人親切，與人為善，也認識了很多貴人。但過往以來，我在工作上的付出，並沒有換來很高的績效。很長時間裡，我總覺得，我想要的，總是就差一點，我沒能達到。

　　學生時代，我就已經在關心時代趨勢，知道現在已經是網路時代，大家都靠手機通聯，而線上遊戲也已紅了 10 幾 20 年，未來只會繼續紅下去，因為載體會變會升級，遊戲花樣可以層出不窮。為此，我當初選擇要念工業管理系（我當初選擇要進修遊戲產業需要用到的相關軟體跟技能），也是希望畢業後，可以有機會進入遊戲產業。

　　我的想法很「前瞻」，我也很努力去學習，在大學時候讓自己懂得撰寫軟體程式。然而當我當完兵退伍後，真正去接觸這個產業，開始正式與社會接軌，當我走進遊戲公司面試時，才開始了解自己學生時的幻想跟現實有如此巨大的差異，才發現很多事和我當初想的不一樣。遊戲產業——在我的想像是光鮮亮麗，使用 IBM 或蘋果電腦的多元作業模式，辦公室有員工玩樂間，有趣味的辦公模組，並包括能在家作業等彈性工作型態。但實際上，遊戲產業的背後是 24 小時輪班制的腦力苦窯，工程設計人員與機房為伍，企劃人員過著爆肝邊緣的生活，而台灣主要做的是海外遊戲版權代理營運，想靠撰寫程式賺錢，我的功力不只差那麼一點。

　　總之，我的夢想破滅。但一個工管系畢業的人，要走甚麼出路呢？還好學生時代的努力還是有所幫助，我後來變成以設計為主業工作的上班族，在台中一家貿易公司，擔任美工設計的工作。

　　嚴格來說，我有些（完全是）學非所用，在貿易公司裡，設計這角色很重要，但另一方面來看，這個位置又很容易被取代，畢竟，現代設計科班出身的人很多。基本上我只是靠低薪讓公司覺得可以

接受,而設計的功力大概也符合貿易公司製作宣傳圖的需求底線,所以還可以應付得來,但自己內心裡也知道,這工作不是長遠之計。

為了提升自己,也保護自己將來不要被淘汰,於是我不斷進修設計方面的專長,除了本職所需要的設計及網路後台管理,我也涉獵網路行銷、趨勢分析,以及許多經營管理的學問。

當時在公司,我沒有碰到伯樂,反倒在與我互動的廠商間,找到了知音。我們公司的產品是行李箱,這些行李箱會透過不同的通路銷售,其中一個通路是家樂福,就在我們溝通網站上架問題時,認識一位家樂福主管,這裡就稱他為李大哥好了。這位李大哥,在與我長期交流後,覺得我非池中物,是個有理想、有志向,可塑性很高,認真努力有規劃的年輕人。

剛好這位李大哥,正打算離職,到台北加入一個新的事業,他邀請我一起去北部打拼,彼時我也覺得一直在貿易公司做美工設計,似乎看不到未來⋯⋯於是想,不管如何,這是個人生機會,錯過了,以後就沒有了。

就這樣,我離開出生地台中,北上台北工作。

這對我來說其實是很大的抉擇,因為台中才是我熟悉的地盤,過往我也從未想過要離鄉背井發展。但有時候,年輕人就是要去闖一闖,才能找到新的出路。

2016 年,我身上只帶著 3 萬元,就跟著李大哥出發了。

薪水提高了 5 成

感恩李大哥,經由他的引薦,我到台北立刻就有工作了。

令我高興也感到訝異的,承接新工作後,我的薪水瞬間增加 50%,原本我在台中貿易公司上班,每月的薪資是 23,000,現在變成 35,000。

50% 聽來很多，但其實是因為原本的基數太小，所以就算多了50%，薪水其實現在想來也不是那麼多。然而卻令我省思到一件事，為什麼我花同樣的時間，做著類似的工作，薪水卻可以增加5成呢？

那時候，我也開始認真思考時間效率的意義。

如果大家擁有的時間都是一樣的，那麼怎樣才能讓同樣的時間創造更大的收益？

答案很明顯，就是單位報酬要提升。但關鍵的問題是，單位報酬怎樣提升呢？以我來說，當初在台中，我月收入2萬出頭，但我還是做了一年半以上，因為以當時的「行情」，社會新鮮人薪水的確只有這樣。我的能力基本上沒問題，我的努力程度也受到肯定，至於我的上進精神更是讓我因此被李大哥相中帶我來台北的原因，但即便基本的能力要求都有，可是最終換得的報酬卻只能那麼少？這件事只能怪社會大環境嗎？還是說有甚麼可以突破的呢？

當時的我，找不到答案。我只知道，做得多不代表收入會大幅變高，但若不做就可能被淘汰，包括學習也是如此。

因此我仍很認真的做我的工作，新的工作我仍是負責設計，擔任的是設計部門的小主管，負責培育新人、面試、設計、安排工作，並掌握團隊在有限的時間內不加班完成工作。同時，在以前的貿易公司只做廣宣設計，現在來到具備自製能力的企業，我也必須做產品設計。在這裡，我還有另一種收入，那就是業務抽成。雖然我不負責業務，但公司的制度是，若當月業績達標，所有參與人員，包括我設計部門的人，都可以有業績獎金，於是把獎金加進來，我的月薪可以達到約四萬。

那時候我就知道，收入的結構裡，靠自己的努力是一種，但若收入還有一部份可以來自「抽成」、「分紅」，那單位時間的報酬，就會更高。

　　然而身為領薪水的上班族，我再怎麼努力，收入還是有極限，4 萬已經很多了，以我的工作模式，就算在這崗位服務再多年，日後升上主管，薪水成長也有限，這只要看我的主管每月收入多少就可以知道。

　　若我想要突破這種收入瓶頸，唯一的方法是做業務，但當時的我，仍只專注在設計領域，也不懂該如何改變這樣的生活模式。

　　好在，我有一個貴人，就是那位李大哥。

　　人生每個關鍵時刻，他都給我指引。

因為想學習財商，認識了路老師

　　比起我只是在原本工作模式上努力，基本上若沒有人刺激我，就會日復一日工作下去，雖然我並不是一個沒人刺激我，就會自甘墮落的人，但隨著時間的過去，李大哥介紹的這間公司雖然有在成長，卻跟不上我的成長速度……在此同時，李大哥也是個不斷自我提升的人。

　　當我初次認識他時，他是家樂福的採購窗口，北上後，他成為一家企業的高階主管。再後來，他已經和朋友合作開公司，也就是自己變老闆，這是他第三次的轉換，而且再一次地，他沒忘記我。所以我又加入了他的新公司，成為他的直屬員工，直接跟著他學習。

　　這一段工作歷程，對我來說，我最大的學習，就在於網路開發這個領域。之前的兩家公司，我都只是擔任設計人員，但在這裡，我開始參與網路事業。實際上，李大哥是這家公司的網路開發領域負責人，而在他底下的我，擔任設計部門主管，也承接網路部門的許多新工作。這是我人生另一項提升，我不只參與的工作更多，更要學習妥善的分派任務。當時我仍不擅長的時間管理，若不懂得把上面交辦的事有計畫的調配及分工，結果就是我自己得加班，才能

完成任務。

　　而儘管職務提升了，但我的每月收入卻沒有太大變動。這已經是結構性的問題了，以同年紀的朋友相比，我的薪水已經比他們高了，所以也不好再爭取。不論如何，那個階段，我開始比較認真去思考金錢這件事，除了思考單位時間內金錢如何變多，也思考著我的錢該怎麼管理。

　　也就是在那時候，透過記帳，我發現到一件令我訝異的事。我發現，從前我在台中的時候，雖然薪水較少，但每個月還能做到基本的存款，反倒上了台北，明明薪水變多了，卻幾乎無法存到錢。我知道問題的關鍵可能是因為台北的花費高，各種的支出已經抵掉我調漲的薪水，實際上該如何金錢管理呢？我仍是完全不懂。

　　還好我這個人有個優點，就是發現不懂的事，肯下功夫去學。既然對金錢管理不懂，我就上網找解答，然後就發現有種現金流遊戲，透過網路連結，認識了一個現金流財商教育團隊，我也利用假日去參與那樣的團隊，玩一玩現金流遊戲。而學習這件事就是一環扣一環，因為想要學習，進而認識幾位老師，同時也對於之前困惑我的問題，也就是如何讓單位時間內收入變多，努力找答案。我發現關鍵之一就在建立財商，如同《富爸爸窮爸爸》一書說的，要讓自己在 ESBI 象限中，由 E（Employer）雇員，轉變成 B（Businessman）企業家或 I（Investor）投資者。

　　接著呢？透過老師的關係，我開始加入傳直銷，也參與一些傳直銷商開的培訓課。這時候，我終於認識一個真正可以帶給我生命改變，指引我財商的人，那就是路守治老師。

　　從那年開始，我成為路老師的忠實學員，也開啟了我全方位的學習，我不但學習財商，也學習業務，以及公眾演說。

改變賺錢的模式

觀念轉變了，我整個人思維都變了。

就好像一個人發現，原來這世界有電鋸這樣的工具，那他還會想繼續像原本那樣手工辛勞地靠小鋸子鋸東西嗎？

就像陶淵明的那句話：「覺今是而昨非」。

透過上課，我猛然覺醒，我過往都是用最沒效率的方式在工作。當然，人各有志，我不是批評上班族不好，但以我的志向來看，我人生有很多夢想，我想要的是賺很多錢，因此，我非常在乎的是單位時間內可以創造最多的報酬。

就這樣，我想將時間投入在兩件事上，一個是投資理財，一個是自己創業。最終就是想要創造非工資性收入。

在這樣的思維基礎下，我一方面積極跟著路老師，參與一些投資案，同時也關注各種流行趨勢，我知道，很多時候，若能站在趨勢之先，那麼就可以很短時間內賺很多錢。好比說，現在滿街都是夾娃娃機，如同前輩曾跟我說的名言：「當別人恐懼時，你就要貪婪。當別人貪婪時，你就要轉換跑道了。」

娃娃機既然滿街都是，那就代表已經進入「貪婪」的境界了，所以我自然不宜投入，那我要投入甚麼呢？甚麼是「別人恐懼時」呢？

就在 2017 年，我相中了一個新東西，當時台灣幾乎沒有人在做，我算是很早引進的，那就是街頭 KTV。只要租個小包廂，就能夠在裡頭唱歌。

另外，投資領域方面，我除了參與一些傳直銷的合作專案，也參與現今流行的虛擬貨幣，投入挖礦機的投資。

至於設計工作，基於情義，我仍是繼續協助李大哥，但已經改為 Part-Time 形式，畢竟一人身兼多職，沒辦法專心只做一件事情。

我也認為，環境會影響一個人的思維，唯有脫離現在的舒適圈，我才能發現新的世界，路老師說過，我們可以獨立，但是不要獨立得太快，所以做了這個決定，慢慢的把自己逼上絕路，才能激發出我的潛力。畢竟，對於李大哥來說，那是他的事業，但對我來說，我領的是薪資，這是不一樣的打拼概念。

已經和路老師上過財商課培訓的我，要追尋擁有的，是自己的事業。

年輕創業犯的錯

當擁有自己的事業後，我才感受到當老闆的心境有多不同。

這不是說我以前上班時不努力，事實上，我非常努力，也獲得許多老闆的肯定。但如今我當老闆了，思維上的不同，在於從前我關注的是「努力做好眼前的工作」，現在想的是「怎樣照顧整個事業」。

也因此，我才感受到老闆的辛苦。

以前從不知道，「時間」對競爭優勢多麼關鍵。

以切入時間來看，我其實算是台灣很早就看中街頭 KTV 的人，但以時間管理來說，一方面我比較沒經驗，二方面我還在忙著許多事，包括我每天也還有半天時間要處理李大哥那裡來的設計工作。

結果才短短 3、4 個月，我的領先優勢全都沒了。這段時間裡，竟然已經有很多業者引進這樣的機器，然後一轉眼間，現在在許多地方，包括西門町、台北車站以及一些重要的交通要道等等，已經架設起機台。

我不是懶散的人，但只是尚未改變上班族的工作思維模式，基本上還是以朝九晚五的角度想事情，就這樣，我雖擁有流行的機台，但卻沒能在這趨勢中大賺一筆。

　　當然前輩們會安慰我，畢竟我還年輕，現在才 20 幾歲，很多事都該學。但對我來說，沒有掌握好時間，讓自己從優勢變劣勢，這樣的教訓我會深深記得。

　　時間管理，也包括生活紀律。當內心裡有著「明天再說」的想法，就會讓自己虛度光陰。（當 KTV 機台放置下去之後，我們花了一個月的時間觀察狀況，發現狀況不如預期，便調整下一步的策略，如何在我們有限的時間內調整到它依應該要有的水準，把機器的功能發揮到 100%，要花多久的時間重新選店址，需要比較多少間新的店面才能找到理想中的店面，這是我們透過觀察、統計、分析出來的結果。）例如，我原本可以花更多時間，認真去思考機台架設的戰略問題，但當我讓自己「明天再說」，結果就是，我在思慮上就不夠周延。

　　例如我後來在新莊廟街租了房子，認為那裡人潮多，但租金相對便宜，作為我開設唱歌機台的據點，一定不錯。

　　但我沒有花時間去做好市場調查，也沒好好的花功夫去審慎評估。結果我省去了前面的時間，導致後來必須花更多時間來善後。這就是典型的時間管理弊病。

　　以實務來看，新莊廟街雖然人多，但是卻有其時段性，許多時候，街上人潮並不多。更大的思慮漏洞，廟街從來就不是年輕人愛逛的地方，整條街就是典型的老街，卻又沒像三峽、鹿港那麼有風格，結果就是店門口偶有穿梭人潮，但我的店內永遠冷冷清清。

　　而其它因為沒仔細思量而犯的錯包括，當初我引進機台，想到的其中一個好處，就是機器只要擺著就好，不需要額外雇人去監看。但我在選店址時，卻把這樣的優勢整個浪費掉，原因在於我貪便宜，找的是一戶居家和店面共用的屋宇，那時還以為居家住戶會協助我看機台，但其實結果正好相反，住戶沒有義務要幫我看機台，反倒

是因為我的店讓他們家門戶洞開，必須有人看顧，否則若住戶遭小偷，我要負連帶責任。為此，我反倒必須派個人守在機台旁，那個人是誰？我不可能另外再去聘人，於是我就自己擔任這個角色。可想而知，我這老闆，本來應該是去做事業開發、去做資金投資、去做各種更有效率的事，如今卻得耗費許多時間，乾坐在機台旁。

這些都是我的人生經歷，我也深深檢討中。

要從教訓中再站起來

不經一事，不長一智。

現在的我，懂得要在「對的時間」做「對的事」。

如何增加單位時間的報酬？

結論就是在同一個時間點裡，讓人事時地物都到位。

人怎麼到位？當機會來臨的時候，好比說假定今天郭台銘先生表示，只要你提出一個好的企劃案，他就投資一億，但你提得出案子嗎？沒有準備，也沒有相關的思慮，就算碰到好的商機，也只能白白浪費。所以如同路老師所說的，我們每天都要提升自己的價值，只有當自己有了價值，因我們而連結的事才有了意義。

對的人，才能連接後續對的「事」、「時」、「地」、「物」。

而以我來說，我雖然不是標準業務工作者，但卻應該要以業務角度來思考事情，畢竟，老闆其實也是種業務。我就是因為沒有做好這樣的思維，所以事業推展有了阻力。

業務的思維應該是甚麼呢？至少每天的生活要有紀律。特別是當離開上班族生活，沒有人命令我，規定我甚麼時間該做甚麼事的時候，我們可不可以命令自己，每天有好的作息習慣？

例如，每天早上幾點一定要起床，要做哪些事，拜訪那些客戶？下午要做甚麼？晚上又該做甚麼？一天下來必須完成甚麼？如果沒

有完成，我應該怎麼補救？

身為業務兼老闆，我是不是該有一張注意事項列表，以機台設置來說，這張表是不是應該要有上百條以上的注意事項。包括財務、地點、行銷、客群、人力成本⋯⋯所有的事都應該列入管理，並且每個管理都有相應的時間。

就算是如此，也不保證一個專案，或一個事業可以面面俱到。更何況，根本就沒有時間管理，每件事都是想到甚麼做甚麼？

我的創業以及投資之路還在進行中，我也還有很多需要學習的地方。

在業務的學習路上，我們要不斷的累積關於自己銷售商品的類似經驗，唯有類似的經驗，我們說出來的話才會真實、有說服力跟專業度，客戶會因為信任你，才跟你跟你買、才能成交。

感恩路老師以及前輩們的指引。我在學到教訓後，會繼續成長茁壯。

耿咪 的 業務 經

跑得最快的人，不代表是最先到達的人。

寧願花時間想清楚些再行動，也不要毫無計畫的就行動。

紀律是影響一個人是否成功的關鍵。

對自己太好，太隨便的人，最終你的事業也會給你隨隨便便的成果。

成功的路上不是只有努力，努力不見得會成功，但是不努力就一定不會成功，在成功的路上需要堅持、需要信念，先自助才會有別人來幫你。

單位時間最高報酬的答案：

對的時間、對的地點、對的事物，
以及最重要的：對的人。

客戶會因為你的經歷、資歷、經驗而開始對你產生信任，成交從信任開始，信任的感覺從你的專業跟資歷跟經歷而來。

吳佰鴻教練講評

創業的模式有很多種，基本上，創業就是一種業務工作，因為你要設法找到客戶，讓你的公司生意興隆。

有一種創業是開店，有人以為開店面只是靜態的等客人上門，其實不然，開店也是要善於做業務。

有句話說，開店三原則，第一重要是地點，第二是地點，第三還是地點。

當然對開店來說，這是很重要的基本條件。可是實務上，當然也有人地點不好，但靠著行銷，也能成為排隊名店。

這時候重點就在於業務，包含與客戶交流的節奏，以及售後服務做得好不好等等。但更多的時候，還需要做到自律。

好比說開早餐店，你能夠每天都一大早就起床，依照時間準時開店嗎？還是今天比較累，就睡晚點再起床，反正自己就是老闆，也沒人會叫你起床。通常一個人，若他在這裡妥協，那一定也會在另一個地方妥協。如果他不懂自律，開店時間不固定，那這樣的人，可能也會在材料上妥協，在環境整潔上馬虎，在與客戶互動時隨心情高興做事……最終會倒店，就不要怪甚麼地點不好、競爭者太多等等，一切都怪自己沒有自律。

其實開店是很多人的夢想，因為沒實際做過的人，老以為開店很浪漫，例如可以跟女朋友，小倆口開間餐廳，夫唱婦隨很寫意。但實際上真的如此嗎？

更多時候，有人是因為討厭上班，所以想創業，因為不想再被老闆管，甚至想要自己當老闆，有一天回去嗆老

闖。但這樣的人，不是基於真正開店的熱情，做生意真的就很難長久，這類的人若原本在公司上班就不守紀律，那也別指望他沒自己創業會守紀律，反倒相反地，自己創業更是沒人管，三天打魚兩天曬網的。

同樣的道理，不只應用在開店創業。也應用在各種行業。好比有人覺得當講師很好，只要穿著光鮮亮麗，上台講兩個小時的話，一個月下來就可以有可觀的進帳。但要知道，台上一分鐘，台下十年功。同樣基礎是要有紀律。

看別人成功難免羨慕，但大家不要只看到亮麗的一面，忘了背後的辛苦，如果你願意把辛苦也包含進去，再來考慮要不要創業。

依據中小企業處統計，以每年新創公司來追蹤，每一百家新創公司，平均一年存活率只有10%，竟有高達90%會失敗。看到這麼高的失敗率，就想到其實創業不那麼浪漫了。

做好自律，才能在競爭中脫穎而出。

業 務 心 法

10

有錢業務積極向行
業中的頂尖高手學
習

貧窮業務把焦點放
在自己差的人身上

跌倒後，
我爬得更高

吳國珍

　　很長的一段時間，我在我的工作領域表現得很卓越。與同儕相比，我覺得我的專業比他們好很多。

　　但其實這樣的我，沒讓自己進到更大的池塘，沒有認識視野格局更高的人。直到後來，我突破自己，去面對更高的境界，尋找之前未敢嘗試的戰場。後來，才真正的創造出自己亮麗的人生。

　　我曾經負債千萬，落魄到蹲在路邊賣菜，但轉個念，讓心帶我去到不同的戰場。終於，我改變人生，擁有非工資收入，以及夠我實現夢想的資金。

　　我還是原來的我，改變的是，我看事情的方向。從前我往低處看，現在，我懂得往高處看。

記者兼任業務

很長的一段日子裡，事實上，直到我 40 多歲前，我都還算是個文化出版人。這行業聽來很有品味，很有格調，像是社會的一股清流。但實際上，在生活及生計的面前，人人都需要靠賺錢生活，所以其實說起來，也不過就是工作的模式不同而已。

大部分的時候，我的收入方式還是靠業務。

先從我的背景說起吧！我本身是新聞學校出身的，所以後來進入媒體界，算是符合我本身的志趣。

最早的時候，我因為學業成績不錯，曾到學校擔任電影科助教，若我持續走這條路，那麼我之後就可能變成一位教授，往學術之路上發展。但我深知自己個性不喜歡死板、一成不變，助教工作對我來說太單調了，缺乏挑戰性。

於是我離開教育圈，很快地加入了自立報系，在自立晚報服務，變成一位工商記者。至於為何投入平面媒體，而非廣電媒體，因為內心裡我也想成為一個企業老闆，若往廣電媒體發展，和我志趣不符。

與其說自己是個記者，實際上，我覺得自己做的就是不折不扣的業務工作。

當然，基本的採訪以及撰稿都是需要的，但撰稿的前提，還是要先有客戶「買單」，所以我的任務，主要是去拜訪客戶、說服客戶，最後要「成交」客戶。至於撰稿編稿，那反倒是最終最簡單的事務性工作。

當時，報社規劃了一個個的專題，簡單說，就是要客戶買版面，以報導的形式，做行銷之實，那年代還沒有「置入性行銷」這樣的字眼；事實上，以買版面來說，不只是置入性行銷，根本就是「行銷式報導」了。

無論如何，對於年輕時的我來說，這不只是很具挑戰性的業務工作，並且，也是逼迫自己，要去面對能力比我強的人，去做說服工作。雖然如今的我已經知道，一個社會地位較高，或者年收入比我高的人，不見得就是一個全方位成功的人，當面對不同的人，我們都不必要自我貶低自己。但對當時年輕的我來說，真的要去拜訪一些「大客戶」，內心還是有滿大壓力的。

終於讓對方點頭拿到訂單

　　拉廣告，就要找有錢人，畢竟是需要買版面做專輯，不是路上人人都可以的。同時因為當時報紙政策的關係，我還不能隨便找對象（好比說，從自己的親戚朋友找），而是有指定地區的，我被分派到的是新店地區，當時還叫做台北縣新店鎮。

　　我的任務是得去找到當地企業家或高收入族群，如醫生等，說服他們出錢買專題版面。

　　說起我當時的業務經驗，其實現在想來還有點丟臉，我選定一家醫院要拜訪，但人都到了，卻害怕到不敢進去。當然我後來也知道，這是許多業務新人共有的經歷，如今不是也有許多的業務從業人員，手上拿著厚厚的商品簡介，就算已經站在準客戶的辦公室大樓門口，仍寧願曬太陽，也不敢跨出一步去按門鈴。當時的我，大致上也是這樣。

　　我就是不敢進去，但也不可能就這樣離開，在醫院門口徘徊了一個小時以上，之後終於鼓起勇氣走進去。結果，我為了跨出這一步，自我打氣花了超過 1 個小時，但被對方轟出來，只要不到 3 分鐘。

　　然而被拒絕，反倒刺激了我原本不服輸的內心，憑著這股鬥志，我之後又三番兩次來訪，這時的我反倒不害怕了，拜訪到後來，連

醫生看到我都說：「你又來了。」那語氣雖是嘆息，但我卻也從醫生眼裡看到一抹的敬佩之意。從那時開始，我就知道，所謂人生的成就感，應該就是從挑戰能力比你強的人開始。只不過，年輕的我當時還沒細想，只把這些當作一次次的個案，對我來說，光是醫師答應要簽約了，我就激動到心臟快要跳出來了。

終於成功做到業績了，雖然其實也不過是新台幣 3000 元。事後算算，那 3000 元回到報社交差，我的利潤，根本連負擔新店幾次來回的車馬費都不夠。

但無論如何，因此獲得的成就感以及經驗的累積是無可取代的。從那次的成功開始，我也逐步抓到做業務的竅門，之後在同一家報社，服務了超過 10 年以上，做的都是這樣的記者兼業務工作。

區隔出專業，創建自己的特色

如同於現今也是一樣，只要是從事業務工作的人，一般來說，收入會比普通上班族要好。我從當初拜訪醫師成功成交開始，一步步打下業務基礎，到後來，每個月也都有 4、5 萬以上的進帳，在當年這已經算是不錯的收入，我在同儕間也算是比較「有成就」的人。也許因為如此，我就持續在這個領域打拼，持續感受這樣的成就感。

但業務工作也是時時得面對挑戰的，甚至我的主要挑戰，不是來自外面的同行，而是來自己的公司。同樣是一份報紙，為何別人要買你的版面而不買另一個人的版面呢？這就牽涉到你的版面如何經營。我認為要脫穎而出，就要提出差異化特點，這個特點必須要有一定的門檻，別人難以取代。當時我的作法是成功的開發出專業主題版面，特別是後來設立的「股票投資專區」，像這樣的專業領域，常是別人都不敢碰的。也因此我開拓了新的客戶族群，免於和

其他版面的業務競爭，甚至到後來，許多客戶都是自己找上門來，不需要由我主動拜訪。

當時我還沒有那麼清楚這代表的意義，只想到我可以用專業招攬到不同的客戶。但之後學習更多業務技巧，回首才發現，這其實就是一種「自我品牌建立」，同時也是一種高端的業務行銷法，也就是，當我建立起自己的高度、自己的價值，不要一味地在舊有領域，跟比自己差的人競爭，最終，你會吸引到更高端的客戶，也能帶來更優渥的進帳。

我的「自我提升」定位成功，直到今天，因為當時我對股票投資所下的功夫，我在業界都還算是個股市達人，這樣的「個人品牌」印象，是可以伴隨自己一輩子的。

也因為如此，我逐步累積了較多的收入，讓我開始想要朝不同的人生境界發展，我開始想要創業了。

「水往低處流，人往高處爬。」這種想法沒有錯，但為何那麼多人創業後卻失敗了呢？當時我也不明白，我只知道，我有能力，也有足夠資金，我想創業當老闆。就這樣，我後來確實當了老闆。

只不過，是個很辛苦的老闆。

慘痛的創業經驗

我得說，我也是懂得在技巧上取巧的。我了解創業有一定的風險，所以我一邊創業，一邊持續當我的記者。這讓我非常的忙碌，但至少，我比較不用擔心經濟問題。

但事後證明，即便是這樣，若一開始策略就錯了，那麼即便靠著另一份收入，也只是延緩失敗的發生而已。

由於我本身當時已做了 10 年的廣告業務，因此自然而然的，我創業的公司，就是做廣告代理服務。以資歷來說，我絕對夠格，

也有本事找到客戶及做好廣告專業。但問題是，從前我招攬各種廣告，之後的各種成本，都由報社來扛，當時的我沒有感覺有甚麼不對，直到自己開公司，才知道那些成本現在換由自己扛，那是多大的壓力啊！

就好像一個將軍，意氣風發地要開疆闢土，自以為兵強馬壯、戰技優良，卻完全沒考量後勤問題。當時的我，自備 60 萬元就創業開了廣告公司，並且一口氣聘了 20 人，從此，我過著天昏地暗的日子，幾乎每天都在為籌錢煩惱。業務工作進行得還可以，但成本被追上的速度卻更快，人事成本耗掉我大部分的收入，才不到一年，公司就已經燒光 100 萬。

不僅如此，當時的我，認為憑著自己的業務本事，要做甚麼事不可以？於是我當年還創了一本理財刊物。憑著基本的理念，自認把我的理財專業，化為獨家產品在市場銷售，應該是沒問題的；但事實是，我有我的專業，也有客戶買單，但做事業及創辦雜誌，不單純是買賣問題，還有許許多多的經營成本，我每期刊物要耗費 20、30 萬元的開銷……即便如此，我仍然撐了 100 期。

事後想想，如果能早一點認賠殺出會比較好，但關鍵就出在，我的業務能力太強了，所以很長一段時間，我還是每月有不錯業績，然後用辛苦銷售賺來的錢去貼創業的大洞，明知道是苦撐，卻仍幻想著有一天會峰迴路轉，創業達到成功。但最終，我還是黯然退場，包含廣告公司以及理財刊物，都慘澹下台。

說起來，當時的我還真像是超人，一方面經營兩個事業，一方面仍在報社做記者服務，我甚至還承接了書籍銷售。不是我在自誇，我還真的是業務高手，那種一整套不便宜、很多業務員都不敢賣的套書，我在那段時間裡，卻可以一個人賣出 1000 多套。當然，我有自己的一套方法，我肯讓利，跟代理商合作，一套書賣出後有 3 成利潤，我把兩成都分給了通路商，自己只留一成，也就是靠著薄

利多銷，我為自己創造收入。可惜這些收入，都一一貼進我的創業大洞，這個洞太大了，乃至於我再怎麼賺錢也趕不及洞變大的速度，我後來還把房子抵押借錢，終局仍是失敗。

時至中年，卻落得如此悽慘，事業慘賠 1000 多萬，房子沒了，搞到自己一文不名。曾經一個人站在街角，茫然地看著來來往往的人潮，卻不知道該何去何從，那時的我看不到未來，看不到希望。

賣菜的日子

我失敗了，真正是一敗塗地。

記得那年除夕，當家家戶戶都在歡樂慶圍爐，我卻一個人狼狽地，連車錢都沒有，靠著雙腿疲憊地走路回家。

而失敗不是這樣就算了，之前欠的債務還是要還，這是另一個跟隨著我許久的噩夢。

憑著我本身的業務本事，我可以賺到錢維生。但一切從零開始的我，每天過得很辛苦，為了維持自己的信用，我的底線，就是不能跳票，否則一旦信用破產，我將來也無法再翻身了。為此，我每月總是被「3 點半」追著跑，籌錢籌錢，腦袋裡每天就是想著這件事，長達 7 年的時間，我就是一邊辛苦做業務，一邊做著挖東牆補西牆的事，反正不同的信用卡間，預借現金彼此填彼此的洞，然後每月做廣告業務賺的錢，趕快再填補看哪個洞比較大就先填哪個。

邊打零工般的做廣告業務，也邊找機會學習，我看的書都是有關投資理財的書，我內心裡還是在想，如果要翻身，終究要靠理財，但該怎麼做，一文不名的我能怎麼做？雖然仍沒個方向，但我深信書中自有黃金屋。

就在剛創業失敗那陣子，我尚未重新投入業務工作時，我也不知從哪聽聞種苜蓿芽可以賺錢，就去引了一批苜蓿芽，坐在街角賣。

若有人遠遠看到我，一定只會用兩個字形容我，那就是「落魄」，事實上，賣苜蓿芽可以賺幾個錢？事後計算，1 個月也賺不到 1 萬元。

不過正所謂「危機就是轉機」，某一天，我那「落魄」模樣恰好被某個經過的老同事看到。他問我「國珍，你在幹嘛？」我回說：「還能幹嘛？就你看到的這樣，我在賣菜啊！」

「走走走，不要埋沒你的才華了。我有差事介紹你做。」

就這樣，我又回到廣告業務。好在我過往時候，從沒有中斷對投資理財領域的學習，因此這部分仍是我的專業，也就是因為我有專業，才能夠繼續在報社產業立足。

當時我先準備去的是太平洋日報，但工作沒多久，有舊同事聽說我在太平洋，就跟我說，與其在那，不如回到老地方比較熟悉吧！於是我就又回去自立報系（我生涯最早在工商時報，後來轉去自立報系），畢竟，相對來說，太平洋報系發行量較小，自立報系則是當年台灣知名大報，我從事的仍是我最擅長的領域，經營著理財投資版面。也因為過往創業的經歷，我認識了不少人，並思考了很多事業的種種。因此，這次重回報社，我已知道該如何經營自己的園地，我開創股票專欄，自己撰寫文字，打造這個領域的第一品牌，建立自己的客戶群，雖然那年代還沒有甚麼粉絲團，但相信若以現代粉絲團標準來看，我算是經營得很不錯的。

至少，我是在跌倒後，又重新站了起來。

再也不必為錢煩惱

時常，人生就是這樣，時勢比人強。但只要自己的專業仍在，就不怕沒飯吃。當時我在報社做得不錯，然而時代風向已經轉變，曾經也風華一時的自立報系，後來因市場變小，不得不收攤了。

我立刻轉換跑道，到當時另一個也算是很大的報系，在那裡，我同樣開立自己的版面，並且開始懂得和報社談條件。

　　我開的條件是：每月用 10 萬元包下版面，但報社不得過問我的經營。

　　報社方面很快就答應了，畢竟，每月不但不用付我薪水，還確保某個版面有穩定的收入進帳，這樣好的事當然要答應啊！

　　但我怎麼生活啊？不要擔心，敢開出這樣的條件我自然有信心。實際上，那段日子，是我收入開始大幅提升的時候。

　　我以每月 10 萬的成本包下版面，但我每月收入多少呢？答案是 4、50 萬。是的，這就是我的專業，實際上，我也等於是一個老闆，我是用老闆的心態來投入這個領域，我敢說我是這個領域的佼佼者，所以後來一些企業家，都願意自己抱著鈔票來找我，這一點都不奇怪。

　　人生就是這樣，若抓對一個觀念，就可能大大翻轉。過往我負債累累，但當時我找到對的策略後，一個月至少有 4、50 萬淨利，不到一年我就收入超過 500 萬；而且，既然我做的是投資理財專欄，當然我本身也對投資理財多有涉獵，也算投資有道，賺的錢也不少於廣告收入。所以，前兩年我還蹲在地上賣苜蓿芽，現在的我，卻已經年收入達到 8 位數字。

　　談到理財，這其中有一個重要的財務跳躍轉捩點，那就是我趁著時勢做對了投資。那年，不巧碰上 SARS，可說是百業蕭條，包括房市也是一片慘澹。然而，對投資人來說，我反倒嗅到了機會。當時，許多企業家也深陷財務危機，想將手中資產脫手，卻乏人問津。當我進場投入台北市信義區房市時，每坪價格已經降到令現代人難以想像的地步，我在很短的時間內，陸續買進了 5 間。

　　說到這，不必我講價格，光聽到我手中擁有 5 棟信義區的房屋，大家就知道，那代表著甚麼意義。如同我們都知道的，SARS 只是

一時的，但土地的價值沒有殞落，透過槓桿原理，我後來又持續做類似的房地產投資，我處理掉其中一些房子，但自己仍保有 1、2 間；進出之間，光房屋交易差價，可能就超過一般上班族工作 2、3 年的收入，重點是抓住好的投資準則。如今又已 10 多年過去，這一生，我再也不必為錢煩惱。

追尋另一個生命境界

談完我的過往，接著就有讀者要問，那我又如何認識路老師？另外，我已經收入無虞為何還要上課？

其實，對我來講，人生不應該只是用金錢多少來衡量，就好像前輩們也曾說過的：「人生的價值不在賺了多少錢，而在於你最終影響了多少人。」

我覺得我的人生，可以分成 3 個階段。

第一段、就是從我入社會工作開始，到我後來創業失敗為止。這段時間是我的摸索成長期。

第二段、就是我重新站起來，讓自己從負債百萬，後來投資賺了數千萬，這期間也有 10 幾 20 年。這是我的人生壯大期。

第三段、也就是現在的我，在衣食無虞下，我真心想要為社會做更多的事。

老實說，很多事我也在還嘗試，例如，這些年我曾頂下了一家素食店，這是個我從未碰過的領域，實際上在過程也賠了一些錢。但重點是，透過嘗試，我增加了不同體驗；我也曾試著去 YMCA 大樓底下做攤車，這段經歷雖然也沒有成功，但讓我了解，原來結合會員制行銷，有甚麼優點以及哪些侷限？至於開店，如何配合當地人的口味、調整菜色？如何提昇來客率等等，也都是一種學習。之後我還投資有機素食產品生產等，這方面，雖然也是賠錢，但我認

為我推廣的是正確的產品，反正我就邊做邊學。

也就是因為抱持著學習的心態，加上我的時間自由，因此我也廣泛去了解市場上有哪些名師，因此有機會認識了路老師。在比較了培訓市場上諸多老師後，我非常認同路老師的教學精神及教學方法，所以選定要跟著他持續學習。

也是透過他的課程，回顧我的事業生涯，我要肯定地說，我的每次人生轉折點，其實都跟我「願意把視野往更高處看」有關。

- 最初投入業務工作，我是因為去開發認識能力比我強的人，好比說企業家或醫師，才能讓我業務站穩腳步。
- 之後在業務領域我做得蒸蒸日上，主要原因，在於我開發了股票專欄，為此專欄，我每天接觸到的都是大老闆。他們也拓展了我的新視野。
- 最後，也因為長期以來都跟著成功人士學習，視野擴大，雖然曾經創業失敗，但我的投資領域卻獲得增長，最終也因為投資成功改變了人生。

當然，每個人有不同的生涯目標，但我相信儘管在不同的領域，基本道理都是一樣的，若每天把焦點放在比自己差，或者只是跟自己同儕比，變成大家講八卦混日子，或者明爭暗鬥式的生活，那未來是不會有長進的。

要想突破現在的自己，請先試著，讓自己往高端的方向看。

吳國珍的業務經

· 學習影響一個人甚鉅。就好當年孟母三遷的道理，如果生活中接觸的都是跟你一般思維層級的人，那麼，一年兩年後，你仍會處在舊有的窠臼裡。

· 這裡不是在指責誰好誰壞，也不是創造階級對立。更好與更差，不一定是以財富做比較，而是以能力以及胸襟來比較。例如，你是上班族，你可以只跟同事比較，那麼你的格局就是，為何他有加薪我沒有？為了加薪 500 內心不高興一整天。但你也可以跟老闆比較，為何老闆可以經營一家事業，我要怎樣才能變成老闆？如此，你的格局就會不一樣。

吳佰鴻教練講評

「消極的人找藉口，積極的人找方法。」

大家都聽過這句話。實際應用在生活中，人人都會碰到考驗，在平日的時候，也許看不出誰強誰弱，只有在碰到挑戰時，才看得出誰是遇事就推諉抱怨找藉口，誰是想方設法總要找到出路的人。

在做事業的時候，景氣好壞真的差很多。當景氣好的時候，誰都可以把生意做好，就好比有人說笑：「就連掉在地上破損的產品客人也搶著要。」但當景氣過後，特別

是若景氣低迷一陣子，就可以看出誰有真本事了。就好比海邊潮起潮落，當處在海浪高峰時，大家都泡在水中，看不出誰的真面目，只有當退潮時，才發現有人竟然沒穿衣服。

真正有本事的人，甚至可能故意去選最艱困的環境創業，因為那時候反倒沒有別人來競爭。這樣的人，永遠把焦點放在比自己更強更卓越的人身上，所以只會繼續往上爬。

國珍老師是個肯打拼賺錢的人，曾經做業務做出不凡成績，也曾經自己創業也同樣做出成績。但最後還是失敗收場。反省過往，就可以檢討，是否當初做出成績，主因是大環境，以媒體業來說，那年代報紙刊物很吃香，所以報刊廣告當紅，業績就很強。如果放到今天，就整個不是那麼回事了。當初以為怎麼賣怎麼搶手，原來只是因為景氣好的關係。而當處在景氣好的時候，也往往讓人忘了自我檢討，忘了省視自己的「產、銷、人、發、才」是否基礎穩固。

然而儘管國珍老師曾經失敗，但身為記者，他有一個很大的優點，就是他認識很多很優秀的人，並且願意跟這些優秀的人學，不論是學企業經營，或者學理財投資都一樣。我認識國珍老師，他到今天雖然已是退休年紀，卻仍在學習路上不鬆懈，經常看他報名各種課程，這種上進的精神，總是跟比他強的人學習的態度，是讓他後來東山再起的重要原因。

就是因為他積極找方法，嘗試各種突破，甚至曾在街頭賣苜蓿芽，後來當機會來臨，他也真的能夠翻身。

說起來，他在SARS年代，能夠做出投資買房子的重

大決定，是很有勇氣的，但我相信，這是基於他的判斷力，而這樣的判斷力，來自於他平日積極學習，跟比他能力強的人學方法，他知道當景氣不好時，反而是很多成功人士選擇進場的時機，成功人士都這樣做，他也這樣做，終於為他奠定了好的資產基礎。

回首我們的人生，一定有高潮，也有低潮。高潮時不要驕傲迷失，要打穩自己基礎，低潮的時候，除了可以藉機訓練自己，也往往是許多逢低買進的時機。

藉由向上學習及向上提升，國珍老師示範了在最差的時機，讓人生翻轉的例子。

業務心法

11

有錢業務將顧客建
立成轉介紹大軍

貧窮業務顧客成交
後就忘了服務

改變現狀急起直追，
就要找對行銷方法

靖

　　成功是人人都想要追尋的，人生在世短短一遭，就是要讓自己闖出一番名堂的，不是嗎？

　　然而，人生苦短，卻時常又會走冤枉路，例如投效軍職，後來發現志趣不合，但已經簽約有整整 10 年耗在那；例如參與各種投資，但不明就裡，後來就成了金錢市場上的白老鼠。但每一個錯誤，都代表時間消耗，一轉眼，怎麼已經失去那麼多的年歲。可是這樣的我，越是著急，反而事情越是做不好。害怕蹉跎，結果蹉跎更多。

　　這是一件明確的事實，既然我曾浪費過那麼多過往時光，那麼，我就不能再跟一般人一樣的步驟去慢慢累積，因為那太慢了。唯有靠業務工作才能創造快速財富成長，而且不只是要做業務，必須是「有效率」的業務。

　　我認為，透過轉介紹的力量，可以帶來最有效率的業務力量。終於，我要從後面急起直追。

為謀生計的從軍生涯

我認識很多從事軍職工作的人，成長背景都有其辛酸史，更何況，我是一個女子。

當然也有很多真的是從小立志投筆從戎的英雄好漢或巾幗英雌，但以我的狀況來說，當年投入軍職，有很大的家庭因素。

從小，我不僅是孤兒，並且是雙重的孤兒。小時候，爸爸媽媽就都不在我身邊，我是由曾祖父母撫養長大的。是的，沒寫錯，是曾祖父母，不只是隔代教養，而是隔兩代教養。到了我念國中，連撫養我的曾祖父母都相繼過世，後來接手照顧我的是奶奶。

這樣的成長環境，可想而知，我被迫必須早熟，「依賴家人享受優渥生活」這件事，從來都不是我的選項。我很清楚，在我的背後沒有甚麼後盾，凡事需靠自己努力。家庭經濟狀況不能支撐我的未來，相反地，我必須設法不讓自己變成家庭的負擔。這樣的我，無法繼續升學，顯而易見地，在當時，最佳的出路就是從軍，既能求得溫飽，並且也算開始有能力自謀生計。

我學歷不高，但後來因為自學，也懂得所謂的馬斯洛需求理論，可以說，我只能從最低層級的需求開始，先求溫飽，求安全，至於更高境界，我就不敢奢求了。也因此，我安分守己的在軍隊服務，度過年輕的時光。當時同年齡層的人可能繼續念大學，入社會投入各行各業，或者早日找個金龜婿嫁了。而我，說實在的，未滿 20 歲就能每月擁有穩定的薪水，照養好自己，已然算不錯的了。

也就是在這樣的認知裡，我錯過了最需要衝刺的青春歲月，都在沙場訓練中討生活。

其實，就算是軍職，也可以發展出很棒的未來。國家需要軍人，而優秀的軍職人員也可以賺得名聲以及好生活，若身為一個將軍，

也算是很有社會地位的了。而我相信，女性從事軍職，也會有不錯的發展，包括後來若和軍人子弟成家，也可組建幸福的未來。

只不過，我後來發現這不是我想走的道路。

必 須 找 到 新 的 出 路

我自認算是很努力的。因為自己成長環境的關係，我已把軍隊當作我第二個家了。長官們都是我的家人，軍隊照料我的生活。

可惜雖然我願意把軍職當做事業用心耕耘，但大環境卻逼得我必須改變思維。

從我入伍那天開始，年復一年，我的夢想就被迫調整，我從最基層的上兵一路當到上士。薪水確實依職級調漲，可是制度的變動，卻讓我失去的比增加更多。

我慢慢發現國軍整體政策上的改變，如退伍金的減少，水電優惠的福利降低，終生俸制度的改變等，讓我對軍職生涯開始產生懷疑及對未來的不安全感，軍職已漸漸無法照顧到每個家庭及保障我退伍後的人生。當時我的學長們，他們退休時所領的退休俸已經不高了，而隨著社會上各種抗議聲不斷，可以想見，輪到我退休時，狀況會更慘。

很多事都是比較出來的，這是必然的。如果不比較，一切隨遇而安，那等到太老才自覺不對，就悔之晚矣。我很慶幸，我雖然沒有亮眼的學經歷，但至少還有個敏感的思維。能察覺，有些事不對了。

那時我首先就想到，如果我約滿退伍，到時的我在社會是甚麼樣子？一個 30 歲只有軍隊經歷的人，要如何與一個大學畢業在社會已服務 7、8 年的人競爭？比年紀，我太老了，比專業，我更是拿不出來。這種事，越想就越害怕。

當然，身為女性，我可能還有另一種選擇。然而依賴不是我的選擇，從小在克難的環境長大，養成我自立自強的心境，我從來沒有想要靠別人保有我的未來。不論將來要不要結婚，我都要追求經濟獨立，這點我非常確認。

而回歸到生涯規劃的問題，我還是在想，我該怎麼辦？

也因此我開始學習之路，也有幸認識了名師。

不要過被人控制的生活

要改變現狀，追尋新的成功生活，至少有兩個基本要件：第一、要先認識外在的環境是怎樣。第二、要盤點自己的資源，找出自己的優勢。唯有具備這二者，才有辦法，轉換跑道，開創比現在更好的生活。

那時我開始主動接觸外面的世界，結交不同領域的朋友，也透過持續的學習，設法增加自己的資源。

在主動觀察後，我發現一件很嚴肅的事，那就是大部分的人，都活在「別人的世界」裡。

以最普遍的上班族來說，他們可能就是想賺個生計，也許有些小小的夢想，諸如買車買房國外旅行等等，但他們這些小小的夢想其實都掌控在老闆手上。上班的人，其實都在為老闆的夢想做事，真正賺錢的是老闆，哪一天想轉換市場一聲令下，公司說收就收的，這也是老闆。

在軍隊，一層管一層，人人都被自己的上級所管，都是活在「別人控制」下，但當來到民間，就我所見，又何嘗不是如此？大部分時候，人們為了生計，都是處在「被人控制」的模式下。

這其實很可怕，就好像我們都是單純的小孩，坐在地上心滿意足的堆積木，成就自己的作品。但忽然，背後進來一個大人，他一

下子就可以清理掉所有的玩具，讓我們「一無所有」。這聽來嚇人，卻是真的。活在被人控制的環境、軍職，可以因為政策一個轉變，我們原本仰賴的終生俸，就此化為泡沫，過程中我們根本無力反駁。在社會上，一個奉獻大半青春的中年主管，可以被公司一個命令，就勒令離職。一個開旅店的小小營業主，也可以因為兩岸的紛爭，短短幾年客源流失，被逼得收掉生意。

只要是「被人控制」就無法擁有安穩的幸福。這是我和社會廣泛接觸的心得。也因此我下定決心，我不只要離開軍職，並且離開後，也不能去找傳統上班族工作，人生要突破，唯有學會理財以及懂得效率倍增的業務。這點我非常地確認。

既然沒有任何組織會對我的人生負責，我也不想淪為政策下的犧牲者，基於這樣的了解於體會，在我軍旅生涯第 8 年時，就決定開始規劃 10 年退伍，我要拿回我人生的主導權。

找出知識背後的大知識

學習是一件困難的事。首先要有學習的意願，再者要找對學習的方向，最後，還需找到真正的好老師。以上缺一不可。

我自己在接觸不同領域的過程中，剛開始也是跌跌撞撞，在市場繳了不少的學費，但也因此讓自己學習到了很多知識。

當然知識不嫌多，只不過知識也必須要派得上用場的。

我知道某個理財工具似乎不錯、聽聞某種作業模式似乎是潮流、接觸到某個領域似乎是趨勢、看到某個人的成功我似乎可以效法⋯⋯

但，就是一個又一個的「似乎」。

我雖然具備熱情，但總之對於各類知識，今天這個、明天那個，每件都感到模模糊糊、似懂非懂，總覺得自己缺乏了一個明確的導

向與邏輯。

　　後來我想到我當初離開軍職的理由之一，就是不想過「被人控制」的生活，但在這個世界上，一定有所謂的秩序，每件事的上方，還是要有一個更大的控制源，就好像有許多的知識，但應該也要有一個「統合」的大知識。

　　也就是在這樣的領悟下，經過自我檢討，我發現不管我想弄懂哪種理財工具，想投入甚麼理財領域，東一塊、西一塊的，沒有個明確。但究其源頭，一個人要能成功理財，背後要有個基本的大知識，就是「財商」。

　　結論就是自己應該找一個有豐富財商知識的老師學習，才不至於又在市場上跌跌撞撞。

　　於是在我職訓時，就開始在網路上尋找台灣知名的財商教育訓練的老師，也因此才有這個機緣，查到路守治老師的名字。

　　當初看他本身的經歷中，也是職業軍人退伍，但據我以往的經驗，在部隊久待的人，其實跟社會上也已經脫離一大段時間，離開部隊想在社會上生存，其實已不易，既然如此，這位軍職出身的學長，最後卻能發展出一家之言，並且成為網路人人稱讚的名師，那肯定有我值得學習的地方。

　　於是就在網路上報名參與他的座談，接著就是我一系列的學習過程。

原來人人都需要行銷

　　開始我的學習之路。

　　在路守治老師的課程中，除了學習最基本的財商觀念、如何防止詐騙以外，還有何謂行銷及演說，其中最讓自己難忘的是老師的「銷售陸戰隊」的課程學習。

這課程教會了我行銷的本質。從前的我，以為業務是一種專門的職域，就好像我以前是軍人，社會上有的人擔任會計、有的人是工程師，也有人職業就是業務一樣。

可是我上路老師的課後才知道，絕不是做銷售領域的人，才需要行銷，其實行銷無所不在，不管我是擔任企業的員工、主管、銷售員、家庭關係或談戀愛，都需要。

是的，包括戀愛，原來也是種業務。因為戀愛的開始，就是男女雙方互相和對方「銷售自己」的過程。

說真的，路老師的課程，讓我有被醍醐灌頂、恍然大悟的感受。

原來在生活的過程中，無處不在地，人人都在行銷自己，即便是企業員工或主管，也必須行銷自己的個性特質及各方面能力，讓上級看到知道（不是作假演戲喔），才能讓自己有額外的升遷機會，行銷自己的一切優點，讓別人看到，這樣別人才會更了解自己是甚麼樣的一個人或是有甚麼樣的能力，如果自己都把優點隱藏未被知曉，那自然升遷之路也會較漫長。

談戀愛也需行銷喔，戀愛大家都有經驗，今天我們想要追一個男生或女生，必須要有很多所謂的「表現」，不管是外表、個性、經濟或是柔情的照顧對方，其實這都是行銷自己的方式，很多人不知道這就是行銷，但大家都會做，或許這就是天性吧！

甚至家庭裡也需要行銷。

家庭關係中最常見的行銷，就是父母對小孩的教育，在小孩子的成長過程中，父母所做的每一件事或說的每一句話，都是在對小孩子行銷自己，成交小孩子學習父母的想法觀念；另外我們在成長過程中，努力讀書，學習做人做事，表現給父母看，讓父母開心、放心，也是我們無意間在行銷自己給父母了解及知道，我們已經逐漸的長大了，可以獨立生活。

打造好的行銷人基礎

前面說過，所有的知識背後還可以有個大知識，講了幾個行銷例子，可以了解人生無處不行銷，但上述說的所謂具備的「條件」種種，其實都圍繞在一個重要的觀念 —— 其實行銷就是「把人做好」。

是的，不論是身為業務工作者面對客戶、身為員工面對老闆、身為女子面對心儀的男性，甚或身為媽媽面對小孩。基本上，都是由「我這個人」當基點，來面對種種的人際關係。行銷，簡單來說，就是把我這個人發揮到最好，如此，就能帶來好的結果，不論是業績提升、公司幫我加薪、男友愛我，或者教養出優秀的小孩。

路老師也告訴我們，行銷的出發點：「成交一切都是為了愛。」今天不論自己是擔任哪種社會上的角色，在許多溝通中，其過程都是為了行銷自己的想法、觀念或是產品服務給對方，成交對方願意接受我們所行銷的一切，那要讓對方接受自己的一切，個人的必要條件，人品是第一，為對方真正的著想是第二，缺一不可。

以此為基礎，我們就可以站穩「行銷」的根基，然後往外發散光和熱，不論從事哪一行，都可以有一定的成就。

但對我來說，我還有一個問題，有關「時間」的問題。

我自問，以學習底子來說，我高中畢業就去從軍了，這一塊無法跟廣泛的大學學歷以上工作者比；以經歷來說，我 30 歲以前最需要累積社會經驗的青春，全都奉獻給軍旅生涯，我的專業資歷在社會職場上，實在缺乏競爭力。

這樣的我，就算和一般人一樣，努力學習行銷，也開始應用在自己的生活上。但我這個晚起步的人，有甚麼可以「後來居上」的呢？

　　有的，事實上，一個懂業務，懂行銷的人，本來就可以短時間累積財富。其中一大關鍵，也是路老師傳授我們的絕招，就是建立轉介紹系統。

建 立 轉 介 紹 系 統

　　要擴大自己的行銷範圍及領域，就必須建立轉介紹系統。

　　社會上為什麼那麼多人討厭一些保險傳直銷呢？原因在於很多銷售員目的性太重，用話術引導只為了賺錢，而不是真切的為對方著想，或有時候對方實際上是沒有需求的，卻仍強迫推銷，造成客戶的反感與壓力，所以才逐漸造成社會上的人對這些領域的人很反感及存有刻板印象，並有著很強的防禦心，原因都在於很多人都不了解到底何謂行銷。主動推銷產品或服務，只是一種方式，本身並沒有錯，如果每個人都遵循著上面的二個條件，並且用愛貫徹一切，試問還會有人反感嗎？

　　在我學習行銷的過程中，除了個人遵循上述兩點以外，真正讓我事業起飛的，是如何建立轉介紹系統。

　　一個人再有能力，那怕你是 top 業務或是證嚴法師，時間、體力都是有限的，如果要把一個想法觀念或是產品服務行銷出去，並且做大，就必須建立轉介紹系統，發揮合作、團結的力量，並管理團隊文化，傳承行銷觀念，讓團隊所有人想法價值觀一致以外，還有正確的行銷方式。

　　那要如何建立轉介紹系統？答案是：用愛貫徹一切！

　　以下就來分享，我學習到的轉介紹方法：

·建立分潤制度，讓每個人願意幫自己轉介紹

財散人聚，聚人＝流量

銷售之神喬吉拉德賣車，每個月都有源源不斷的業績是怎麼來的呢？

不是他一個人很厲害才有那麼多業績，主要是他願意分潤給幫他轉介紹的每個人，也做好每個客戶的售後服務；一切行為的出發點，用愛貫徹一切而產生良好的結果。

每個人的時間都是很寶貴的，今天我們想請人幫忙轉介紹自己的產品或服務，哪怕幫我們的對方，只是出一張嘴做說明，也是花了寶貴的時間幫助我們，所以我們必需分利潤給對方，以表達感恩，這樣每一個人才會願意幫我們持續的轉介紹。

那要分潤多少呢？銷售是一個數字遊戲，量大是致勝的關鍵。

必須詳細計算扣除成本之後的淨利潤或是自己可以得到的獎金，再去做利潤的適當分配，技巧是財散人聚，財散的越多給幫忙自己的人，別人越願意幫忙，流量也就越大。

舉個例子：

如果我賣一個產品，淨利潤或獎金是 100 元，分潤有兩個方式

1. 我自己拿 80 元，轉介紹的人 20 元
2. 我自己拿 10 元，轉介紹的人拿 90 元

如果你是要幫我轉介紹的人，哪一個分潤方式，你最願意呢？

相信大家一定會選擇 2。

如果都把財富往下放，將會有很多人，願意幫我們轉介紹，當轉介紹的人越多，就漸漸形成了「團隊」，團隊市場將會比個人市場，產生更大的客戶流量。

重點別人賺到錢，自己才能賺錢，一切以對方為優先，創造雙贏！

▪ 管理轉介紹系統，成立團隊

轉介紹系統建立後，在系統中篩選品德好、想法觀念一致的人成立自己的團隊或加入自己的公司，一起打拼。

1. 文化：傳承品德第一，助人為善，以愛貫徹團隊，保持感恩之心，凡事為對方著想，創造雙贏的文化，形成團隊善循環。

2. 教育：教育團隊認識行銷的本質及其專業知識，避免用不當的方式做行銷。

3. 篩選：品德第一，好的留下，不好的就篩選掉，不要讓老鼠壞了一整鍋粥。

    能力可以培養，人品難以導正。

轉介紹系統有非常多細節及技巧，如要了解更多，建議讀者去上路守治老師的「銷售陸戰隊」課程，才會更清楚明瞭唷。

我退伍後本身是在市場上做投資各項目的資源整合，而後在展彤股份有限公司服務，因上了路守治老師的行銷課程，讓我了解了行銷的本質，並建立轉介紹系統加以管理，用愛貫徹一切，讓我在一個月內創造了 400 萬的業績，非工資收入達 8 萬，目前還在持續增加中，不僅如此，還吸引了很多夥伴願意加入公司一起打拼及服務。

非常感謝老師的教育，讓我今日有這樣的成就，並且一輩子受用。

我將會持續用愛與感恩，貫徹我所有的一切事業體，並將想法觀念持續傳承。

靖 的 業 務 經

啟動你的天賦

人不要畫地自限，也不要人云亦云。適合甲的成功模式，不一定適合乙。可能甲熱愛運動，乙喜歡的卻是藝術，不可一概而論。

要追求成功，要先設法找出你的天賦，你的優勢。我多年來從事軍職，學歷也不高，但我沒有妄自菲薄，知道我也有自己的天賦。當然，有時候，天賦要靠老師來啟發，我很感恩，上了路老師的課，啟發我的天賦。

行銷是為了愛

以我和路老師上課學到這許多的內容來說，我無法三言兩語就說出我的感動，或傳達各種精華。但如果非要選出一句最重要的，人人必學的行銷核心概念。那我會選：行銷一切都是為了愛。

這真的是最核心的觀念，不論賣甚麼產品，或者與人交際。越是自私的，只想到自己的人，反而事業越無法長久。那些真正做到基業長青的，一定是懂得為人著想的。產品設計，站在客戶使用角度，賣得久。銷售商品，願意傾聽客戶需求的，業績長紅。就連與人溝通，和老闆和愛人和子女交流，也是懂得為對方設想的，可以得到好的發展。

轉介紹系統，牽涉到各種技術，但核心價值還是愛

提起轉介紹，有的公司會透過制度輔佐，還有的會設計程式，發展出人脈軟體系統等等。

轉介紹，就是一個人介紹給另一個人，那個人再持續介紹另一個人。但追根究柢，還是老問題，他「為什麼」要幫你介紹？就算你擁有一個很棒的系統，可以串聯一萬個人，如果核心問題，你不能回答為什麼幫你介紹，那人脈越多，不代表都能被你成交。

回歸到源頭，要懂得為人著想，以愛出發，那轉介紹系統才能真正發揮。

吳佰鴻教練講評

在業務這個領域，很多人從事的都是直效行銷工作，這裡指的不只是傳直銷產業，所有包含要一對一帶來組織發展的工作，都是直銷。

做直銷最重要就是找到客戶。如何找到客戶呢？除了自己在馬路上或挨家挨戶做陌生拜訪或靠大量廣告宣傳留訊息外，若想認識更多陌生客戶，有一個公認最有效的方法，就是請現有客戶幫我們介紹新客戶。由於中間有一位共同認識的朋友當作中介，因此成交率也大大提高。

這就是轉介紹系統。

但轉介紹不是人人都可以做到的，首先第一個要件，就是產品要夠好，如果產品不是好到消費者可以很認同，

他也不會幫你做轉介紹。這是基本條件。但站在這樣基礎下，假定你對產品很有信心，那麼要讓客戶願意再轉介紹下去，靠的就是你的服務好了。因為你的服務得到認可，所以客戶願意幫你做轉介紹。

但有沒有更好的方法，可以讓客戶為你轉介紹的呢？那就看你是否願意將一定的報酬與介紹人共享，透過讓利，也能讓客戶願意熱情幫你轉介紹。

其實很多時候，我們都會當個轉介紹人，最常見的例子，就是看到一部好電影，或者去一家很有特色的餐廳，我們往往都願意到處宣傳，可能透過臉書，或者參加聚會就和朋友聊。當我們做推介的時候，電影公司或餐廳，並沒有付介紹費給我們啊！但我們仍願意做轉介紹。所以好的產品真的是必要條件。

而如果本來一個人是不介意轉介紹某家餐廳，因為他覺得超好吃的。但畢竟要不要介紹，還是要看他的心情，可是今天如果餐廳老闆表示，如果你願意轉介紹，好比說在臉書上發文推薦（並且將頁面秀給老闆看），那老闆會招待一盤小菜等等的，多了這誘因，很多人就真的很樂意去轉介紹了。畢竟，對發文的人來說，這樣的轉介紹只是舉手之勞。

同樣的道理，應用在我們的工作上，有甚麼地方可以適度地讓利，讓客戶為我們轉介紹呢？依業種不同，例如可以介紹一個客戶，就讓你抽傭 10% 等等。基本上，產品夠優質又願意讓利的人，就可以多多利用轉介紹，可能一個缺點就是利潤變少了，但站在薄利多銷的角度，以結果論就是好事。

或許你的產品本來就利潤不夠多，不適用讓利抽成模

式，那麼也可能有其他方式，例如加強售後服務，多和客戶保持聯絡維持好關係等等。

　　有效的轉介紹可以和你原本的銷售相輔相成，雙管齊下，讓業務突飛猛進。

業務心法

12

業務就是一種銷售

人人都要銷售

這是人生的一種基本認知

用業務力
讓音樂事業重新散發希望

陳品華

我是個學生,並且,我是個學音樂的學生。
不論是以學生身分,或者以音樂人身分,
似乎我都和業務扯不上關係。
但真的嗎?我真的可以自外於業務圈子嗎?
如果是這樣的話,為何越接近畢業,
音樂系的學生們就越感到擔憂呢?

一項無奈的認知

其實，這是個已經被討論了幾十年以上的問題。

藝術，可以當飯吃嗎？

這問題，一點都不離經叛道，也絕對不是把銅臭味帶入清純的校園裡。事實上，我第一次開始接觸財商以及投資理財等等一點也不藝術的學問，正是在我們自己音樂系安排的講座裡，正是系上的秘書，主動邀請外面的理財大師到校園內上課。

我想，師長們關愛學子們的音樂造詣，但就連他們也不可否認，在他們面前這些學音樂的莘莘學子們，將來可以依賴音樂維生的（不論是做為主業或者兼職），可能占不到一半，若要真的靠音樂賺大錢或者過著還算不錯生活的，可能連 1/10 都不到。

也因此，導入非正課外的銅臭氣息，似乎也是不得不然。

我，在本書出版的當下，是師大音樂系的碩士班學生。

大學則是畢業於文化大學中國音樂學系，主修的是古箏。在我大三那年就已經開始接觸財商的課，上了那次課後，對財商有了更多的興趣，主動去校外參加更多課程後，輾轉認識了路守治老師，並成為路老師的學生，直到今天，有機會都還會去溫習。

如同當年在邀請校外專業人士演講時，院秘在開場白時，就帶點無奈的表示，在台灣，學藝術的人真的會生活得很辛苦，這裡所謂的藝術，包含音樂、美術，也包含理論上似乎就業市場較大的戲劇。就現實面來說，台灣這個市場真的不夠養活學藝術的人，不但難以賺到滿意的收入，甚至連養活自己都很困難，比較算是例外的是設計相關科系，但實務上，現代的設計系都已經普遍和商業結合，變成商業化設計，所以並不算真正的藝術科系。以純藝術領域中的音樂系所來看，依照過往的數據，絕大部分從藝術學院畢業出來的，

都不是從事音樂專門領域工作，包括保險產業、美容美妝產業等等，都有很多音樂底子的「業務人」。與其忽視這樣的事實，讓學子沉浸在純潔的音樂氛圍裡，不如早些融入現實社會，多多了解財商甚至業務知識，對學生只有好處沒有壞處。

也的確，當時上課所吸收到的新知，帶給我之後很大的影響，不論在心境上，或者在生涯抉擇上，都是如此。

音樂與業務可以結合嗎？

其實，會投入音樂科系，大部分學子們，絕對心中真的對這領域有一份熱愛，並且不是普通的熱愛。畢竟，音樂（以及各種藝術相關科系）和醫學系、電機系等熱門科系不同，很少學生是被家人強迫，或是為了將來就業考量「不得不」唸的，會學音樂的人，就是真的想要學音樂的人。

如果一開始投入一個領域，就有人給你一個警告牌，就好比在你進入一條路前，路口就掛上「此路不通」的牌子，那麼，再沒人願意走這條路，這世界會有多無趣甚至多可怕啊！想像一個少了音樂的世界，那是怎樣的世界啊？

以我來說，我雖然如今更知曉，音樂之路真的前景困難重重，除了大師級的人物可以過優渥生活，**90%** 以上的非大師級音樂人，可能都要為生計傷腦筋。但我覺得我還是永遠不會放棄音樂，但同時我也不會自命清高，想過著脫離塵世，僅以音律過閒雲野鶴式的生活。如何達到平衡？真正的答案，就在於如何將業務與音樂結合，這也是我有機會上了路老師的課後，真心的體悟。

經過基本的財商訓練後，我這原本不碰銅臭的音樂人，內心也已懂得如何做精打細算。如何結合音樂與業務，可以有 3 種模式：

‧ 用業務力把音樂極大化

・用音樂力把業務差異化

・業務音樂各自追尋，只是比例不同。

其實，以上3種模式，也適用在各種看起來和業務不相干的領域，好比説廚藝、護理、社工、中文等等。基本上，這世界上，沒有哪一個行業不需要結合業務，這也是我和路老師上課的心得。

先説説，如何用業務力把音樂極大化吧！其實説穿了，就是現代人人都知道的音樂行銷，那些頂尖的流行音樂名人，如五月天、蔡依林等等，每個天王成就的背後，哪一個不是結合大量現代化的行銷技藝，或許大明星本身不必要做業務，但繞著她們轉，形塑一個巨星王國的周邊成千上萬人，絕對人人天天都要做業務。就説是五月天等藝人本身，其實他們也是在做業務，甚至可以説他們做得更大，當一般業務推銷人員是一對一拜訪時，他們可是標準的一對多業務行銷。

當然，説得容易做得難。如果大家都可以用業務力把音樂極大化，那每個音樂人都可以是大明星了，可惜，能夠真正讓自己成為純粹音樂人，並且站上財富與名氣頂峰的少之又少。流行音樂如此，古典音樂就更不用説了。

或許有人説，國家音樂廳不是一年四季檔期滿檔？能穿著燕尾服或晚禮服登上國家殿堂表演，應該也是社會上有高地位的人士，何況除了國家音樂廳外，各縣市還有不同的音樂表演舞台。但事實是，能登上舞台（不論是否為國家音樂廳），都是一種榮耀，但榮耀歸榮耀，卻和財富不相干。只有少數真的很當紅的團體如明華園、雲門舞集等，看似能夠經營達到商業規模，但就算是這樣子高知名度的團體，許多也還是需要有政府的補助在背後支撐，因為好的文化是國家軟實力的象徵，但若好的團體敵不過商業現實，再無人願意為文化付出，那是國家真正的浩劫，所以政府多多少少也一定會

設法支持各類文化活動,即便如此,補助顧名思義就只是小小的「填補」,真正的業績還是得靠自己闖蕩。但對新進音樂人來說,就很辛苦了。我在這行我知道,有很多的音樂表演,許多台上看來風光,放眼望去台下也算坐了個八成滿,實際上有太多的情況,根本就是表演者自掏腰包買票,邀請親朋好友來捧場的。風光的背後實際上是辛酸,這也不是秘密了。

真正展現音樂力及財富力

那麼,再來談談另外兩項,一個是如何透過用音樂力把業務力差異化?一個是如何業務與音樂各自追尋?

這也是目前我努力的方向。

也許純以商業化考量,那大部分人一開始就不選擇學音樂了。當然音樂這個領域,已經不只是職業,甚至也不只是專業技能,而是一種心中的嚮往。人生就該有夢,所以許多的音樂人,都是植基在這個「夢」上。我真的從小就喜歡音樂,父母也對我有所期許,而既然我已經是從小被父母栽培,擁有一定音樂學養,這樣的我,絕不會輕易放棄音樂之路。相信父母也不希望過往十多年對孩子的栽培,最終竟然完全是一場空。

因此,再苦,我也絕不放棄音樂。

但如果我無法靠音樂成為巨星怎麼辦?那我的辦法就是,培養自己的業務力,同時透過不同的方式,讓音樂繼續融入我的生活。

感恩路老師的教導,以音樂來說,靠音樂力如何提升生活水平呢?(這裡指的當然是收入水平囉!)

第一、讓音樂本身成為一種非工資性收入。

音樂,當然是一種智慧財產權,而這種權利,若得到肯定,也就是若能譜出暢銷歌曲,或者該音樂可以商業化,都可以藉由音樂

授權等方式獲取源源不絕的收入。若音樂人本身也能變成「授權化」，那更好，不一定是要如同五月天般的大明星，只要可以建立自己獨特的品牌，擁有一定的粉絲，那也會有長期收入。

第二、善用各種平台，提升音樂商業實機。

以我為例，我的音樂可以用甚麼來呈現？一種是作品，這方面我目前沒有，一種是能力，主要就是表演力與教學力，這兩種力都可以商業化，實際上我也已經如此，具體來說就是音樂教學。後面我將介紹，我透過上課習得的業務技巧，讓自己教學事業更加蓬勃。

第三、用音樂力提升自己的業務力。

這方面的案例，我也看過許多，例如我有一個學姊，她本身是雙簧管的好手，也曾上過國家音樂殿堂，但她後來不是靠音樂表演維生，她參與許多投資項目，也建立自己的音樂教室品牌，成為企業家。在許多時候，她做的事和音樂無關，但自始至終她都以音樂人自居，包括各項自我介紹場合，以及事業經營的企業家背景介紹，往往當有許多競爭者出現時，她擁有音樂家背景的身份，就讓她獨樹一格，加上她一定會在各項記者會、開幕會，或傳直銷 OPP 等場合，適當的秀一手雙簧管，你們說，這樣人們會不會記得她？也無怪乎，她的每一個事業都蒸蒸日上，目前已是個千萬富翁。

這以上，就是結合音樂力，可以讓業務力加分。若以積極面來看，如同前面說的那個音樂企業家般，用音樂加持，讓自己的事業更上層樓。或者最低限度，業務歸業務，音樂歸音樂，那至少也做到，白天工作，但晚上用音樂怡情養性，甚至在碰到工作瓶頸時，用音樂放鬆自己，重新思維。

總之，音樂是個重要的寶，身為音樂人，10 幾 20 年的音樂栽培，絕不會被埋沒。

改變形象，增強業務力

目下的我，還是一個學生，嚴格來說，尚未正式進入職場。

但結合上課吸收的業務技能，我已經開始在改變我的人生。

首先，第一步，我的觀念已經改了，特別是在上了路老師的課後，我知道，所謂「業務」絕非只是商業術語，業務，實際上是我們每天都會用到的事，甚至可以說，一個人做人做事成功與否，關鍵就在於是否用上業務力。

上完課後，我開始懂得理財，也會用心思考我的「事業」。身為學生，我的主力還是念書，但我也將課餘時間投入兩件可以帶來收益的事，一個是我加入了傳直銷，一個是我經營我的家教。

先來說家教的部分，這方面我有兩個職域，一個是我加入音樂補教企業，成為授課老師，一個就是我以個人身分，承接音樂家教。

曾經上過業務課的我，上到很重要的一課，就是要行銷商品前，要先行銷自己，這也是很多人常忽略的。若本業是業務工作者的人都會忽略，更別說是音樂人了。具體來說，音樂人在培育過程裡，本就不太會有商業教育成分，甚至連基本的會計作帳都沒有學，更不要說，能變成結合商業的高手，許多人可能連自己的財物都管得一團糟。如果會計方面如此，那行銷各種領域就更弱了，甚麼品牌經營，音樂產品定位，都不在行。但如同前面說過的，音樂人還是必須過生活，必須結合商業懂得行銷，若自己都不能把自己銷售出去，不能讓自己受到人們肯定或尊敬，那如何奢談進一步的商品（如音樂作品）或服務（如音樂表演）被接受呢？

為了行銷自己，我做了很大的改變。這改變，非常的明顯，我的同學老師都可以看出來，那就是我先改變自己形象。

從前的我，不是邋遢型的人，也不是搞前衛或者標新立異，但終究我是不拘小節，也不去在乎流行的人，因此我的穿著打扮風格，

就是純樸。講白點，就是不化妝，衣服也隨便穿，反正就是學生樣。當然，如果是個天生美人，那或許會被掛上「清新脫俗」的美譽，但我自承我不是那樣的天生麗質，至少我不想繼續再像以前那樣隨興。

因此，在考上研究所後，我開始重視穿著以及基本的化妝。當然，我總是淡妝穿著也不華麗，但就是做到讓人們看出我有打點過，而不是隨隨便便就出門。所謂思維導引外表，當我用學生樣貌去面對客戶，那別人就認為我學生，也就是我說話當不得真，但當我用比較正式的面貌去面對客戶，那客戶也會尊重我這樣的「認真」。於是我的工作也會有了不一樣的影響。

我的客戶，依我的工作性質，主要有兩類。一個是學音樂的客戶（上課的人是孩子，那麼客戶就是付錢的家長。但也有成人班，那客戶就是成人本身），另一個是傳直銷領域的客戶。

這改變真的有具體影響。從前學生時代，我承接家教案，就是零零星星的，真的就是學生打工性質。但如今我在補校事業，以及自己承接的音樂家教，有明顯的成長，包括在補習班裡，我的學生變多了（補習班也是另一種職場，如果學生少的老師會被淘汰），許多學生「指名」要上我的課，家教領域，我更是已經做到檔期排滿，都是口耳相傳，家長們許多都會指名找品華老師，他們認知裡，我已經是專業了，絕非過往那種只是學生兼差家教的形象。

我是業務人，也是音樂人

透過我來談業務，應該是很有代表性的。如同本文一開始所述，我一方面是學生，一方面又是音樂人。結果，靠著業務力，我至少讓自己的職涯變得不同。

但這裡要強調的一點，我沒有因為業務這件事而放棄音樂。相

反地，也如前所述，我的音樂家教，也因為風評好，越做越大。必須說，音樂這部分，當我賺到基本的生活費後，許多時候，我真的是純粹投入音樂熱忱，而非賺生計。具體的例子，在我承接的家教案子裡，有的遠在新北市偏遠的區域，有的甚至遠至桃園新竹，在上課鐘點費不變的情況下，若再扣掉交通費以及時間成本，其實那些案子絕對是談不上賺錢的。但這時候，我要做的，就真的是音樂傳承。也因為我將業務力和音樂結合，可以整體增加收入，這也才讓我有餘力，可以做這樣「付出為主，收入為輔」的音樂家教。

而我另一個工作領域，就是投入傳直銷，這也與我改變形象有關，如同大家所知道的，台灣許多傳直銷做的是美妝保養品，我所加入的公司也是如此，因此，我適當的化妝保養（當然是用自己公司產品），自然很重要。

而在行銷的過程裡，非常有趣地，我一方面要擺脫音樂人心態，一方面又要強調音樂人身分。這一點也不矛盾，前者的意思，就是我不要有著自己「文化較高」的心態，不要認為做業務是太商業化的事，而是真心想著我現在做傳直銷賣美妝保養品，是真的將好產品介紹給客戶，內心裡一點也沒有「學音樂的竟委屈來做傳直銷」的想法。至於後者，我要強調我是音樂人，因為這是我的「特色」，當我介紹我是音樂人時，客戶自然對我更有印象，當有許多的競爭者時，我這音樂人的身分就可以讓我凸顯出來。

這也都是自我品牌提升的一種，也都是業務教育重要的一環。

感恩認識了路老師，打下業務學習的種子。

我從大三那年和他學習到現在，一直沒有中斷。現在也才 20 出頭的我，算是班上裡很年輕的學生，但我也不是最年輕的，可見現代許多年輕人，也都漸漸發現業務力的重要。

不論你的職場本職學能是哪一科，學會業務，必能讓你原本的

職涯進階到新的層級。

陳 品 華 的 業 務 經

· 關於形象以及外表，許多人常被一句話所誤導。那句話是說：「內涵比外表重要」。的確，一個人要有內涵，否則就是虛有其表。但請注意，這句話並沒有告訴我們「只要內涵不要外表」。實務上，不論你多有內涵，若外表讓人一點也不想靠近你，那內涵再好有甚麼用呢？
我後來開始加強外表形象，就是因為這個觀念改變。

· 許多時候，人們會被自己的專長綁住。好像這社會上有規定，怎樣的人不能怎樣。好比說，如果你是老師，你就必須中規中矩，你是醫師，就必須有著高專業氣質。但難道做老師的做醫師的，就不能從事某些行業，好比說做傳直銷嗎？其實大部分時候，人都被自己的「故步自封」綁住，一旦拋開舊有思維框框，職涯的路就很寬廣。

· 有些觀念，透過業務會帶來加強。好比說一個學藝術的人，可能會比較隨興，比較不拘小節。但透過學習業務，會加強紀律，以及各種應對進退禮節。以我來說，現在的我，比起從前，我如今從不遲到，做事情也比較有計畫，不會散漫，這都是學業務所帶來的好處。

吳佰鴻教練講評

人人都要懂銷售，在本篇故事裡，更是突顯。因為本文的主人翁，是學音樂的，並且她還是個學生。

業務就是銷售，這是基本認知，難得品華學音樂的孩子，也能夠悟透業務的道理，並且她還主動去報名學習業務銷售課程，提升自己。

音樂可不可以賺錢呢？有人覺得不行，認為就像畫畫一樣，只有少數混出名堂的人能夠賺錢，多數人都窮困潦倒。其實這是傳統的認知。

如果單學音樂，單會藝術，那可能真的發展有限，但如果給自己機會，讓自己學習更多，就可以拓展原本音樂的道路。最怕的就是故步自封，學音樂一輩子就只懂音樂。

這世界甚麼最貴？「不學」最貴。

絕不要讓自己落入「不學」，還自以為理所當然的樣子。甚至有些學音樂藝術的人，瞧不起學商的銅臭味。但事實證明，唯有結合專業及商業，才能發揮更大的影響力。畢竟，我們學習專業，不是為了孤芳自賞，而是想要影響更多人，不是嗎？

以學音樂來說，可以適當的學業務，不是說要去賣唱片，但至少與人互動，或者上台表演前先與觀眾的互動，都與業務有關。

也可以多多學習理財，怎樣把興趣化成被動式收入。例如歌星唱歌，當然不是只出唱片賺錢，她還可以開演唱會，而就算年紀漸長，體力不佳，不能常上舞台，也可以因為年輕時就懂得將音樂化為被動式收入，而擔保一輩子生活無虞。

特別是大數據時代，如今有各種更多樣的平台，懂得將音樂結合成不同模式，創造新價值的人，就是可以獲利最多的人。

當然不論是音樂藝術，還是任何專業，還有一點很重要的，既然是專業領域就是真的要「專業」，如果我會妳會他也會，這不是專業，這只是大家共通都會的基本資格。以音樂來說，你會某種樂器，那不算專業，那只是基本的，你必須讓這項樂器變得更專精，或者懂更多技能，才能脫穎而出。

總之，就是要創造自己的價值。

提起創造自己的價值，我就想到我自己的一個例子，年輕時候，我曾在美國賣過筷子。問問讀者，身在美國，要把筷子賣給中國人還是賣給外國人，哪一個比較好呢？大部分人都認為當然要賣給中國人，因為中國人才「需要」筷子啊！

但我的答案卻是賣給外國人。

為什麼呢？因為若賣給中國人，那麼筷子就是筷子，這不是甚麼貴重物品，所以賣不到好價錢，中國人也都知道筷子多少錢，你不可能提高價格。

但賣給外國人就不一樣，可以重新定位筷子，讓筷子不是筷子，而是一種富有東方魅力的「禮品」，特別是經過專業設計，把筷子刻意刻上主人英文姓名的中文譯名，當買主拿著這雙筷子在用餐場合秀出來，那是種與眾不同的榮耀。所以價格就大大不同。

回歸主題，音樂，不只是音樂，一定要結合業務。因為任何事都和業務有關，當你懂得創造價值，就可以改變自己生涯。創造全新商機。

結　語

你，
想要翻轉了嗎？

本書業務指導教練　　**路守治**

甚麼人需要翻轉？

人人都需要翻轉。

也許你認為自己的收入不錯，在某大企業高就，擔任中階主管職，人生走得穩穩的。然而，天底下絕沒有「保證穩穩的」這樣的事。就連一些知名的企業集團，也都可能因為沒有跟上世界潮流，一夕間土崩瓦解，更何況處在變動局勢下的每個個人？

有否聽過，有的人為某公司付出一輩子的歲月，到頭來卻撐不到退休，於 50 幾歲被資遣？有否聽過，有的技師，自詡為某某行業佼佼者，但突然間，整個時代潮流變換，某個新的技術誕生，在短短不到一年內就取代了舊有的技術，原本炙手可熱的人才，變成再沒有服務市場的失業者？

這世界不斷變動著，沒有人是永遠不可被取代的。但唯有一個能力，是不論處在哪一個行業，也不論處在甚麼趨勢，都不受影響的。那就是業務力。

想要改變人生，或者想要讓自己至少不被突發事件打敗，要讓自己立於不敗之地。那麼，翻轉業務力的觀念是一定要有的。

　　當然，業務力其實也是一種專業，不是今天內心起個念頭想要翻轉，明天就立刻擁有翻轉業務力的。

　　翻轉業務，需要學習，看書是其中一種方法。但若想要更精進，得到更多的指導，那麼也歡迎讀者們，參與進階的上課。

　　正所謂「教練的級數決定選手的表現」，歡迎所有願意提升自己，讓自己成為具備翻轉業務力的潛在成功者，主動和我們聯繫。

聯繫資料：

最後，感恩各位讀者，願意花時間，當別人可能正在蹉跎光陰時，你卻把時間花在提升自己競爭力上。

其實，從事業務工作，也跟我們從事人生每一件重要事情的道理一樣，需要設定目標，行動檢查調整，然後再行動檢查調整，不斷地行動檢查調整。

學習正是調整自己的最佳良方。祝各位讀者，持續做到最佳調整，最終達到你所設定的目標，而當目標達成，也不要吝於給自己說聲 Yes。

希望未來「銷售陸戰隊」課程可以和各位相見。

在這裡，我也附上業績百分百的 30 法則，做為送給每位讀者的禮物：

1. 今天我是否情緒有達到巔峰狀態，讓所有人感受到？
2. 今天我是否常保持快樂的心情和燦爛的笑容？
3. 今天我是否充滿信心，相信一定會達成業績目標？
4. 今天我是否擁有強烈的企圖心，一定會達成業績目標？
5. 今天我是否運用潛意識的力量，使顧客如浪潮般地湧到我身邊？
6. 今天我是否熱情地接待每一位顧客，如同接待我的好朋友一樣？
7. 今天我是否採取大量的行動，主動邀請每一位顧客購買產品？
8. 今天我是否發自內心讚美每一位顧客，讓每個人快樂？
9. 今天我是否全力以赴抓住每一位顧客，提供最親切的服務？
10. 今天我是否真心了解顧客的需求，幫助顧客擁有他所需要的？
11. 今天我是否當顧客不買時，依然充滿笑容，誠心的祝福與問

候？

12. 今天我是否想一個方法，如何增加顧客的人數？

13. 今天我是否想一個方法，如何提高顧客的消費頻率？

14. 今天我是否想一個方法，如何增加顧客每日的消費金額？

15. 今天我是否熱愛公司所有的產品，並充分了解其賣點？

16. 今天我是否針對每項產品，設計一套吸引顧客的介紹詞？

17. 今天我是否讓自己成交率及成交量比昨天更進步？

18. 今天我是否和每一位顧客成為很好的朋友？

19. 今天我是否運用結束型問句，主動要求顧客成交？

20. 今天我是否運用完美的成交話術，讓顧客快樂地擁有產品？

21. 今天我是否建立詳細的顧客檔案，當她下次來時，一眼認出
　　她？

22. 今天我是否主動要求每一位顧客轉介紹客戶給我？

23. 今天我是否檢討做對甚麼？做錯甚麼？哪裡可以更進步？

24. 今天我是否向成功者學習，使自己每天進步 1%？

25. 今天我是否做到完美的售後服務，讓顧客為我瘋狂轉介紹？

26. 今天我是否感恩顧客、公司、同事及家人，感謝他們對我的
　　支持？

27. 今天我是否有正面積極的思想，好事都不斷地發生在我的身
　　上？

28. 今天我是否讓每位顧客了解公司產品物超所值，沒買是損
　　失？

29. 今天我是否做到用心、認真、努力、負責任在每件事上？

30. 今天我是否勇於超越自我，向不可能挑戰？

【渠成文化】世界大師商學院 002

翻轉業務力 2
讓我們擁有「有錢業務」的思維

作　　者　路守治、吳佰鴻
圖書策劃　華夏出版集團　匠心文創
發 行 人　張文豪
出版總監　柯延婷
專案主編　蔡明憲
執行編輯　李喬智
校對統籌　蔡青容
封面協力　L.MIU Design
內頁編排　邱惠儀
廣宣協力　潘怡廷
E-mail　　cxwc0801@gmail.com
網　　址　https://www.facebook.com/CXWC0801
總 代 理　旭昇圖書有限公司
地　　址　新北市中和區中山路二段 352 號 2 樓
電　　話　02-2245-1480（代表號）
印　　製　鴻霖印刷傳媒股份有限公司
定　　價　新台幣 380 元
初版一刷　2019 年 6 月

ISBN 978-986-97513-1-5

國家圖書館出版品預行編目（CIP）資料

翻轉業務力2：讓我們擁有「有錢業務」的思維
/ 路守治、吳佰鴻著. -- 初版. -- 臺北市：匠心文化
創意行銷, 2019.6
　　面；　公分
ISBN 978-986-97513-1-5（平裝）

1.職場成功法 2.銷售

494.35　　　　　　　　　　　　108005522